TRAITÉ ÉLÉMENTAIRE

ET PRATIQUE

DE L'INSTALLATION, DE LA CONDUITE ET DE L'ENTRETIEN

DES

MACHINES A VAPEUR

FIXES, LOCOMOTIVES, LOCOMOBILES,
ET MARINES

A l'usage des Propriétaires d'usines à vapeur, Mécaniciens,
Agents constructeurs,
Capitaines de bâtiments à vapeur, etc.

PAR

M. JULES GAUDRY

Ingénieur civil des arts et manufactures

DEUXIÈME ÉDITION

Entièrement refondue et augmentée

TOME III

PARIS

DUNOD, ÉDITEUR

Successeur de VICTOR DALMONT,

Précédemment Carilian-Gœury et V. Dalmont,

LIBRAIRE DES CORPS IMPÉRIAUX DES PONTS ET CHAUSSÉES ET DES MINES

Quai des Augustins, 49.

1862

VIENNENT DE PARAITRE

CHEZ DUNOD, ÉDITEUR

LIBRAIRE DES CORPS IMPÉRIAUX DES PONTS ET CHAUSSÉES ET DES MINES

Quai des Augustins, 49, à Paris.

PONT SUR LE RHIN A KEHL

DÉTAILS PRATIQUES

SUR

LES DISPOSITIONS GÉNÉRALES

ET D'EXÉCUTION

DE CET OUVRAGE D'ART

PAR

M. ÉMILE VUIGNER

Ingénieur en chef de la Compagnie des chemins de fer de l'Est

ET

M. FLEUR SAINT-DENIS

Ingénieur principal de la sixième division de construction.

Texte in-4° et Atlas contenant 22 planches

PRIX : 25 FRANCS.

DEUXIÈME ÉDITION

ENTIÈREMENT REFONDUE ET AUGMENTÉE

TRAITÉ ÉLÉMENTAIRE ET PRATIQUE

DE L'INSTALLATION, DE LA CONDUITE ET DE L'ENTRETIEN

DES

MACHINES A VAPEUR

FIXES, LOCOMOTIVES, LOCOMOBILES ET MARINES

A L'USAGE DES PROPRIÉTAIRES D'USINES A VAPEUR, MÉCANICIENS,
AGENTS RÉCEPTIONNAIRES,
CAPITAINES DE BATIMENTS A VAPEUR, ETC.

PAR

M. JULES GAUDRY

INGÉNIEUR AU CHEMIN DE FER DE L'EST.

2 volumes in-8° et un Atlas

PRIX : 18 FR.

DEUXIÈME ÉDITION

ENTIÈREMENT REFONDUE ET AUGMENTÉE

DES CANAUX D'IRRIGATION

DE

L'ITALIE SEPTENTRIONALE

ENVISAGÉS

SOUS LES DIVERS POINTS DE VUE DE LA SCIENCE HYDRAULIQUE

DE LA PRODUCTION AGRICOLE ET DE LA LÉGISLATION

PAR

NADAULT DE BUFFON

Ingénieur en chef des ponts et chaussées,
Professeur d'hydraulique agricole à l'École impériale des ponts et chaussées,
ancien chef de division au ministère de l'agriculture, du commerce et des travaux publics,
associé étranger de l'Académie royale des sciences et des arts de Turin, etc.

2 volumes in-8° et un Atlas contenant 28 planches

PRIX : 30 FR.

LE TROISIÈME VOLUME

DE

LES INONDATIONS

EN FRANCE

DEPUIS LE SIXIÈME SIÈCLE JUSQU'A NOS JOURS

PAR

MAURICE CHAMPION

Prix des 3 vol. parus et du 4ᵉ par avance :

30 FRANCS.

ÉTUDES

SUR

L'HISTOIRE DE LA TERRE

ET SUR

LES CAUSES DES RÉVOLUTIONS DE SA SURFACE

PAR

FÉLIX DE BOUCHEPORN

Ingénieur en chef du corps impérial des mines.

DEUXIÈME ÉDITION.

Bel in-8 et Planches. — Prix : 7 fr. 50 c.

TRAVAUX HYDRAULIQUES

MARITIMES

OUVRAGE DESCRIPTIF

DE

L'INSTALLATION DES CHANTIERS

POUR L'EXPLOITATION DES BLOCS NATURELS, LA CONFECTION DES BLOCS ARTIFICIELS
ET L'IMMERSION DE CES DEUX ESPÈCES DE BLOCS.

——◦o❀oo——

INSTALLATION

AYANT SERVI A LA CONSTRUCTION DE LA GRANDE JETÉE

DU

BASSIN NAPOLÉON (PORT DE MARSEILLE)

PAR

MM. LATOUR ET GASSEND,

Texte grand in-4° et Atlas de 55 planches parfaitement coloriées.

PRIX : 180 FRANCS.

———

Paris. — Imprimé par E. Thunot et Cᵉ, 26, rue Racine.

TRIATÉ ÉLÉMENTAIRE

ET PRATIQUE

DE L'INSTALLATION, DE LA CONDUITE ET DE L'ENTRETIEN

DES

MACHINES A VAPEUR

V.

Paris. — Typographie HENNUYER, rue du Boulevard, 7.

TRAITÉ ÉLÉMENTAIRE

ET PRATIQUE

DE L'INSTALLATION, DE LA CONDUITE ET DE L'ENTRETIEN

DES

MACHINES A VAPEUR

FIXES, LOCOMOTIVES, LOCOMOBILES,
ET MARINES

A l'usage des Propriétaires d'usines à vapeur, Mécaniciens,
Agents réceptionnaires,
Capitaines de bâtiments à vapeur, etc.

PAR

M. JULES GAUDRY,

Ingénieur au chemin de fer de l'Est.

—

DEUXIÈME ÉDITION
Entièrement refondue et augmentée.

—

TOME III.

PARIS

DUNOD, ÉDITEUR,
SUCCESSEUR DE VICTOR DALMONT,
Précédemment Carilian-Gœury et Vᵉ Dalmont,
LIBRAIRE DES CORPS IMPÉRIAUX DES PONTS ET CHAUSSÉES ET DES MINES
Quai des Augustins, 49.

—

1862

TRAITÉ ÉLÉMENTAIRE

ET PRATIQUE

DE L'INSTALLATION, DE LA CONDUITE ET DE L'ENTRETIEN

DES

MACHINES A VAPEUR

TROISIÈME PARTIE.

TABLEAUX COMPARATIFS DE TOUTES SORTES DE MACHINES A VAPEUR ,
PLANCHES, APPENDICE ET TABLE GÉNÉRALE.

CHAPITRE I.

Tableaux comparatifs des machines à vapeur.

1218. Nous avons réuni dans ce troisième volume les tableaux
comparatifs des machines à vapeur, auxquels le lecteur a été si
souvent renvoyé ; quoique nous les ayons beaucoup retravaillé
depuis notre première édition, nous les offrons sans doute encore
avec bien des lacunes ; mais, pour peu qu'on ait essayé soi-même
de composer de pareils tableaux , on sait qu'il est à peu près im-
possible d'en réunir tous les éléments et combien il est difficile
de mesurer les organes, inabordables et enfermés, des machines
en place. Quant aux constructeurs , propriétaires et mécaniciens
chargés de la conduite, nous n'avons pas trouvé chez tous l'obli-

geance et le dévouement au progrès de la science avec lesquels nous ont été fournis les renseignements qui vont suivre. Nous avons rencontré des propriétaires ou constructeurs craintifs, qui en sont encore à croire qu'il y a des secrets dans l'emploi de la vapeur, et des mécaniciens de l'ignorance ou du mauvais vouloir desquels il n'a pas été possible de tirer un document certain. Nous devons même avertir que, malgré nos recherches et la bonne volonté des personnes qui nous ont fourni les éléments de nos tableaux, les dimensions qu'ils contiennent ne sont parfois qu'approximatives.

Mais quels qu'ils soient, les encouragements qu'on a bien voulu leur donner, l'intérêt qu'y ont déjà trouvé diverses personnes et les services qu'ils nous ont rendus à nous-mêmes, nous faisaient un devoir de les publier en terminant notre œuvre. On y trouvera des machines de toutes les forces, de tous les systèmes et de toutes les époques, sans même dédaigner celles qui se construisaient il y a longtemps, lorsque l'expérience a consacré leur bon travail.

A ces tableaux sont joints, quand il y a lieu, des légendes complémentaires reportées à la fin de chaque paragraphe après les tableaux.

Depuis quelques années, on attache beaucoup d'intérêt à ces tableaux, et nous croyons servir le lecteur en en lui indiquant un certain nombre d'un très-grand intérêt, dans divers ouvrages auxquels nous le renvoyons, pour approfondir l'étude de certains sujets que nous n'avons pu qu'effleurer.

---

§1. MACHINES FIXES D'USINES ET MANUFACTURES.

I. Tableaux.

1219. Voir pour les principes spéciaux relatifs à ces machines, n° 377 et suivant, au 2° volume et notamment au n° 583.

Outre les tableaux qui vont suivre, on peut consulter ceux-ci, en divers ouvrages, savoir :

1° *Leçons de mécanique de A. Morin*, t. III. — Nombreux tableaux des dimensions à donner à diverses sortes de machines.

2° *Traité des machines à vapeur de Julien et Bataille.* — Nombreux tableaux des dimensions à donner aux machines à vapeur et à tous leurs organes, d'après leurs propres principes ou d'après divers constructeurs anglais. —Voir aussi tableaux de devis de la construction de diverses machines à vapeur.

3° *Traité des machines de M. Redtenbacher.*—Tableaux des proportions pratiques à donner aux machines à vapeur, en fonction de quelques dimensions fondamentales, ouvrage allemand dont il existe un résumé en français.

1220. Tableau A comparatif de diverses machines fixes à condensation, avec leur générateur (voy. n° 1228).

Numéros d'ordre	CONSTRUCTEURS	Année de la construction	FORCE nominale (chev.)	FORCE réelle (chev.)	Pression absolue de la vapeur (atm.)	Fonction de la course où cesse l'introduction	PISTON Diamètre (m.)	PISTON Course (m.)	Nombre de coups doubles par minute	Vitesse correspondante par seconde (m.)	LUMIÈRES d'entrée	LUMIÈRES de sortie	Volume du condenseur (lit.)	POMPE A AIR Diamètre (m.)	POMPE A AIR Course (m.)	Nombre de coups par minute	Est-elle à simple ou à double et effet	Nombre de carneaux	Surface de chauffe par cheval nominal	GRILLE Longueur	GRILLE Largeur	GRILLE Surface par cheval nominal	Longueur développée des carneaux (m.)	Cheminée Hauteur	Cheminée Section par cheval	Volume par cheval nominal d'eau (lit.)	Volume par cheval nominal de vapeur (lit.)	SYSTÈME de la machine	SYSTÈME de la chaudière
1	Déduit des indications du général Morin, d'après Watt et Farcey	1840	10	»	1,25	»	0,60	1,40	23	1,07	1/25	1/20	130	0,40	0,70	23	simple.	»	1,30	»	»	1	11,50	25	3	330	330	Watt.	Bouill. ord.
2	d'après Watt et Farcey	1840	100	»	1,25	»	1,23	2,45	15	1,05	1/25	1/20	920	0,82	1,225	15	simple.	»	1,30	»	0,90	»	30	3	330	330	Id.	Id.
3	Déduit des indications de M. Julien en son Traité des machines à vapeur, d'après divers constructeurs anglais	1840	12	25	basse.	»	0,40	1,00	30	4,03	»	»	»	0,26	0,50	30	simple.	1	1,50	»	»	»	14	»	0,55	»	»	Id.	»
4		1840	25	»	basse.	»	0,68	1,70	24	1,35	»	»	»	0,42	0,80	24	simple.	3	1,50	»	»	»	22	»	0,68	»	»	Id.	»
5		1840	150	»	basse.	»	1,12	2,80	15	1,70	»	»	»	0,70	0,09	15	simple.	8	1,50	»	»	»	28	30	0,64	»	»	Id.	»
6		1840	270	»	basse.	»	1,50	3,00	15	2,00	»	»	»	1,00	2,00	15	simple.	20	1,20	»	»	»	22	»	0,63	»	»	Id.	»
7	Creuzot (Ateliers du)	1834	60	51	1,25	»	1,16	1,95	14	0,90	»	»	700	0,732	1,205	14	simple.	3	1,10	1,215	1,15	7,00	15,30	25	1,15	130	130	Id.	Bouill. ord.
8	Ile (à Bolton)	1837	40	48	1,17	0	0,85	1,84	18	1,11	1/20	»	312	0,60	0,90	18	simple.	1	1,33	»	»	»	16,30	»	1	»	»	Bouill. ord.	»
9	Fawcett (à Liverpool) ancien	1816	18	»	5	»	0,40	0,96	30	1,06	»	»	»	0,24	0,43	30	simple.	1	1,72	1,20	1,00	4,50	20	1	»	87	Vert. dir.	»
10	Meyer (à Mulhouse)	1840	25	»	5	»	0,60	1,34	30	1,34	»	»	»	0,26	»	30	double.	1	»	»	»	»	»	»	»	»	»	»
11	Bourdon (à Paris)	1835	35	51	4	0,20	0,54	1,18	28	0,967	1/25	1/18	»	0,35	0,45	25	simple.	2	1,10	1,315	1,15	6,50	21	»	194	98	Horiz. dir.	Bouill. en ret.
12	Bourdon (à Paris)	»	12	19	»	0,50	0,25	0,99	35	1,05	1/25	1/19	45	0,35	0,40	35	simple.	1	1,40	0,70	0,60	4,40	15,30	25	2,50	»	»	Oscil. hor.	Bouill. ord.
13	Cavé (à Paris)	1833	12	»	6	0,35	0,35	1,09	26	1,10	1/31	1/29	65	0,20	0,38	26	double.	1	1,50	1,00	0,65	3,00	»	»	»	»	Id.	Cylindrique.
14	Id.	1832	60	»	6	0,25	0,70	1,75	15	1,05	1/33	1/23	156	0,40	0,40	15	double.	1	1,50	1,80	1,40	5,04	32	28	»	135	135	Id.	Id.
15	Id.	1832	120	»	6	0,25	1,10	2,09	15	1,00	1/35	1/25	550	0,50	0,50	15	double.	»	1,50	2,00	1,60	6,20	35	»	150	»	Id.	Id.
16	Warral (à Paris)	1855	62	»	5	0,20	0,60	1,20	40	1,60	1/26	1/15	75	0,40	0,80	40	double.	»	0,50	2,50	1,25	4,03	29	20	1,5	»	»	Horiz. dir.	Bouill. ord.
17	Fischel (ing')	»	108	103	5	»	0,90	2,40	15	0,70	1/29	1/29	430	0,81	2,00	15	simple.	»	0,75	»	»	»	23	25	0,4	»	»	»	»
18	Dickoff (à Bar-le-Duc)	1855	»	de 15 à 22	6	de 0,1 à ...	0,50	0,75	150	2,25	1/15	1/10	»	0,13	0,30	150	simple.	1	1,10	»	»	3,03	»	»	»	»	Horiz. dir.	»
19	Cail (à Paris)	1854	12	»	5	0,10	0,26	0,65	100	1,66	1/39	1/00	25	0,14	0,30	100	double.	»	1,30	1,18	0,50	3,50	20	»	1	»	Id.	Bouill. en ret.
20	Id.	1854	90	»	6	0,20	0,75	1,08	45	1,36	1/27	2/15	330	0,22	0,40	43	double.	2	1,10	2,00	1,00	3,5013	48	1	130	»	Id.	Id.
21	Sims (constr. anglais)	»	20	22	3	»	0,20 1,00	1,70	20	1,13	»	1/17	»	0,15	0,96	22	simple.	1	2,50	1,66	1,0	4,00	28	»	1,33	»	Voir la légende.	Id.
22	Lagerrieul (à Lille)	1849	20	22	4	»	0,34 0,65	0,92	41	1,35	»	»	125	0,40	0,82	41	simple.	1	4,20	»	2,20	16	25	3,10	196	66	Id.	»
23	Id.	1854	80	90	4	0,10	0,41 0,90	1,08	100	1,80	»	»	»	0,45	0,58	100	simple.	»	»	1,35	10	»	»	»	»	»	Id.	»
24	Farcot (à Saint-Ouen)	»	25	30,5	4,5	6,00	0,42 0,50	0,75	37	0,57 1,18	»	»	»	0,50	0,50	27	simple.	1	1,30	0,80	0,80	2,70	21	»	186	67	Woff.	Bouill. en ret.
25	*** (à Berlin)	1850	120	»	5	»	0,91	1,25	15	»	»	»	»	0,42	0,45	15	simple.	»	»	15,30	25	»	»	336	225	Voir la légende.	Id.
26	Id.	1856	180	»	5	»	1,35	1,92	15	»	»	»	»	0,53	0,61	15	simple.	»	»	18,30	25	»	»	»	Id.	»
27	Windsor (à Rouen)	1854	45	40	5	0,2	1,56 0,54 0,08 0,35	1,80	4	1,00	»	»	»	0,75	1,08	22	simple.	4	1	1,70	22	»	»	141	64	Woff.	2 bouilleurs.
28	Cavé (à Paris)	1855	40	61	6	0,3	0,72	1,80	4	0,84	1/37	1/37	»	0,35	1,30	14	simple.	»	1	1,45	22	»	»	917	36	Watt.	Id.

1221. Tableau B comparatif de diverses machines fixes

sans condensation, avec leur générateur (voy. n° 1229).

N° d'ordre	CONSTRUCTEURS.	Année de la construction.	FORCE nominale.	FORCE réelle.	Pression absolue de la vapeur.	Pression de la course où cesse l'introduction.	PISTON Diamètre.	PISTON Course.	Nombre de coups doubles par minute.	Vitesse correspondante par seconde.	Lumière d'entrée.	Lumière de sortie.	fraction du piston.	Nombre de chaudières non compris celles de rechauffage.	Surface de chauffe par cheval nominal.	GRILLE Longueur.	GRILLE Largeur.	Surface par cheval nominal.	Longueur développée des carneaux.	CHEMINÉE Hauteur.	Section par cheval nominal.	Volume total d'eau.	Volume total de vapeur.	SYSTÈME de la machine.	SYSTÈME de la chaudière.
			ch.	ch.	atm.		m.	m.		m.	m.				m. q.	m.	m.	déc. q.	m.	m.	déc. q.	litres.	litres.		
1	Cail (à Paris)	1854	60	»	7	3/5	0,42	0,80	60	1,60	1/22	1/17	1		1,66	2,30	1,30	5,0	»	32	0,46	7375	3135	Horiz. dir.	Tubul. de locomotive.
2	Id.	1854	12	»	4	1/10	0,36	0,90	60	1,70	1/22	1/18	»		1,25	»	4,0	10,6	26	1,00	»	»		Id.	2 bouill. en retour.
3	Dickoff (à Bar-le-Duc)	1852	3	»	6	»	0,16	0,40	60	0,80	»	1		1,30	0,50	0,40	6,6	7,5	17	1,33	»	»		Œneil. renv.	1 bouill. ordinaire.
4	Farcot (à Saint-Ouen)	1854	16	»	6	»	0,18	0,60	60	0,80	»	»	1		1,50	1,30	1,02	7,5	16,7	25	1,75	4527	1571	Horiz. dir.	2 bouill. en retour.
5	Cavé (à Paris)	1854	4	»	6	1/4	0,32	0,44	45	0,65	»	»	1		1,48	0,70	0,44	7,1	7,4	»	»	824	214	Id.	2 bouill. ordinaires.
6	Colson (constr.r belge)	1852	150	128	5,5	0	0,75 / 0,75	2,15	20	1,42	1/15	»		1,25	2,40	1,50	5,0	33,0	35	4,20	»	»	Vertic. dir.	1 bouill. ordinaire.
7	Id.	1852	12	30	5	1/4	0,40	0,80	»	1,70	»	»		1,85	»	»	25	»	»	»	»	»	Vertic. dir. à bielle en ret.	1 bouill. ordinaire.
8	Bourdon (à Paris)	»	12	»	4,5	4/5	0,36	0,94	40	1,25	1/35	»		1,70	»	»	16,5	»	»	»	3760	2170	Horiz. dir.	2 bouill. ordinaires.
9	Dray (à Londres)	1854	6	»	6	4/5	0,30	0,45	85	1,12	»	1		1,10	»	»	6,0	»	0,32	»	»	»	Vertic. dir.	1 bouill. ordinaire.
10	Atel. de la marine (Toulon)	1851	35	»	5,5	1/2	0,60	1,30	25	1,31	1/15	1/11	4		1,82	diam. 0,9	7,5	»	8,10	»	2470	1250	Oscillante.	Vertic. à 1 bouill.
11	Tresel (à Saint-Quentin)	1854	»	30	5,0	1/2	0,38	0,80	45	3,12	1/80	1/20	»		1,49	»	»	»	»	»	»	»	»	Vertic. dir.	
12	Flaud (à Paris)	1856	2	»	6	1/2	0,11	0,15	230	7,40	»	»	1		»	diam. 0,50	2,5	»	3,00	1,00	»	»		Id.	Chambre verticale.
13	Creusot (pour atelier)	1810	20	»	6	1/3	0,38	1,10	25	1,28	1/17	1/8	2		1,50	4,10	0,70	3,3	15,5	27	1,40	3570	2145	Horiz. dir.	Bouill. ordinaire.
14	Id. (pour soufflerie)	1854	100	»	6	1/5	0,70	1,10	60	2,20	1/21	1/14	»		1,30	»	»	25	»	»	»	29315	»	Id.	Id.
15	Id. (pour atelier)	1854	90	»	4	1/5	0,60	1,10	60	1,88	1/20	1/16	»		1,00	2,00	1,30	6,0	80,0	18	0,98	14600	14000	Vertic. dir.	Cylindriques.
16	Id. (pour l'extract.)	1856	120	»	6	»	0,60 / 0,60	2,00	»	»	1/90	1/82	1		1,00	2,00	1,30	»	10,0	»	»	»	»	Horiz. dir.	Id.
17	Kœchlin (à Mulhouse)	1850	40	»	5,5	5/2	0,38	1,10	40	4,46	6	»	1		1,39	1,50	1,15	3,3	30,0	35	2,70	12122	404	Id.	2 bouill. ordinaires.
18	Lecointe (à St-Quentin)	1852	100	»	5	3/10	0,81	1,50	30	1,50	»	»	1		1,55	»	»	30,4	25	4,77	»	»	»	Id.	Id.
19	Duvoir (à Liancourt)	1855	6	»	6	1/2	0,16	0,37	100	1,03	»	»	1		1,20	»	0,9	»	»	»	1200	800	Horiz. bielle en retour.	1 bouill. ordinaire.
20	Quillacq (à Anzin)	1857	120	130	6,5	6/3	0,60 / 0,60	2,65	31	1,86	1/15	1/9	»		1,02	1,60	2,00	»	21,0	45	»	»	»	Horiz. locom.	2 bouill. en retour.
21	Morrison (Angleterre)	»	40	31	6	4/5	0,66	1,35	24	0,96	»	»	2		1,50	»	0,90	»	47,0	»	»	8920	6672	Id.	Cornwall.

1222. Tableau C comparatif de divers machines fixes à condensation et vendues sans générateur (voy. n° 1230).

Numéros d'ordre	CONSTRUCTEURS.	Année de la construction.	FORCE nominale. (chev.)	FORCE réelle. (chev.)	Pression de la vapeur. (atm.)	Fraction de la course à laquelle cesse l'introduction	PISTON. Diamètre. (m.)	PISTON. Course. (m.)	PISTON. Nombre de coups doubles par minute.	PISTON. Vitesse correspondante par seconde. (m.)	LUMIÈRES d'entrée. (fract. du pist.)	LUMIÈRES de sortie.	Volume du condenseur. (litres)	POMPE A AIR. Diamètre. (m.)	POMPE A AIR. Course. (m.)	POMPE A AIR. Nombre de coups par minute.	Est-elle à simple ou double effet.	DIMENSIONS DE LA MACHINE. Hauteur au-dessus du sol. (m.)	DIMENSIONS. Longueur. (m.)	DIMENSIONS. Largeur. (m.)	SYSTÈME DE LA MACHINE.
1	Indiqué par Barlow, *Treatise on machinery of Great-Britain*, vol. VI.	1836	10	»	basse.	0	0,42	1,72	24	0,975	»	»	»	»	»	»	»	»	»	»	Watt. A balancier.
2	Id.	1835	100	»	basse.	0	1,27	2,60	12	1,038	»	»	»	»	»	»	»	»	»	»	Id.
3	Hallette (à Arras)	1835	22	»	1,05	0	0,085	0,874	25	0,78	»	»	»	»	»	»	»	»	»	»	Id.
4	Id.	1846	25	»	1,05	0	0,665	1,056	25	0,88	»	»	»	»	»	»	»	»	»	»	Id.
5	Cokerill (à Seraing)	1836	30	80	1,50	0	1,12	3,460	22	1,08	»	»	»	0,690	1,225	22	simple.	»	»	»	Id.
6	Maudslay (à Londres)	»	112	»	basse.	0	1,45	1,92	22	1,12	»	»	»	0,77	0,76	22	simple.	»	»	»	
7	Sudds et Adkinds	»	10	»	4,80	0,25	0,21 / 0,40	0,86 / 1,17	»	6,74 / 1,01	1/22 / 1/47	»	»	»	»	»	»	»	»	»	Wolf. A balancier.
8	Call (à Paris)	1834	190	»	5,00	»	1,00	1,00	50	1,66	1/24	1/12	746	0,70	0,80	50	double.	»	7,30	2,03	Horizontale directe.
9	Id. (grande vitesse)	1848	90	»	5,00	0,25	0,68	0,90	90	2,53	»	»	»	0,39	0,70	32	simple.	3,70	5,80	1,70	Id.
10	Schuld (à Vienne, Autriche)	1844	21	»	3,50	0,50	0,25 / 0,48	1,20	22	»	»	»	»	»	»	»	»	»	»	»	Wolf. A balancier.
11	Farcot (à St-Denis), près Paris	1826	60	»	5,00	»	0,97	1,36	36	1,46	1/40	1/28	»	0,40	0,60	»	double.	1,00	6,00	1,60	Horizontale directe.
12	Farcot. Id.	1842	»	8	5,30	0,25	0,22	0,65	42	0,80	»	»	40	0,18	0,32	42	simple.	1,50	1,70	3,00	Voir la légende.
13	Scribe (à Gand)	»	15	»	5,00	»	0,280 / 0,710	0,662	»	»	»	»	»	0,210	0,46	»	simple.	4,00	1,64	1,70	Voir la légende.
14	Farineaux (à Lille)	»	35	»	5,00	»	0,36 / 0,72	1,00	36	1,00	»	»	»	0,36	1,00	36	double.	1,48	6,50	1,70	Wolf. Horizontale directe.
15	Hallette et Flachat	1846	109	132	6,00	0,10	0,80	2,00	30	2,00	1/12	1/12	4000	0,680	0,80	»	double.	3,60	11,50	4,10	Voir la légende.
16	""	1857	12	»	5,00	0,50	0,25	0,50	60	1,00	1/26	1/13	»	0,175	»	60	double.	0,90	3,50	1,45	Horizontale directe.
17	"	1857	25	»	5,80	0,50	0,41	1,16	45	1,74	1/28	1/13	70	0,30	0,50	45	simple.	1,80	6,70	1,33	Id.
18	Mazeline (au Havre)	1859	80	»	5,00	»	1,00	2,00	24	1,60	1/20	»	137	0,56	1,13	24	double.	16,60	2,00	»	Voir la légende.
19	Legavriant (à Lille)	1861	20	35	6,00	0,02	0,45	0,70	45	1,05	1/15	1/11	»	0,27	0,32	35	double.	»	»	»	Horizontale directe.
20	Id.	1861	40	70	6,00	0,06	0,60	1,00	35	1,56	1/28	1/15	»	0,36	0,32	38	double.	»	»	»	Id.
21	Id.	1852	120	200	6,00	0,10	0,80	1,00	70	2,33	1/20	1/10	»	0,60	0,50	70	double.	»	»	»	Id.

1225. Tableau D comparatif de diverses machines fixes sans condens^on, vendues sans génér^atr (voy. n° 1231).

Numéros d'ordre.	CONSTRUCTEURS.	Année de la construction.	FORCE nominale. (ch.)	FORCE réelle. (ch.)	Pression de la vapeur. (atm.)	Fraction de la course à laquelle cesse l'introd.	PISTON Diamètre. (m.)	PISTON Course. (m.)	PISTON Nombre de coups doubles par minute.	PISTON Vitesse correspondante par seconde. (m.)	LUMIÈRE d'entrée.	LUMIÈRE de sortie.	DIMENSIONS Longueur. (m.)	DIMENSIONS Largeur. (m.)	DIMENSIONS Hauteur au-dessus du sol. (m.)	SYSTÈME de la MACHINE.
1	Cokerill (à Seraing)......	1837	60	»	4	»	0,55	2,50	20	1,66	1/17	(rmpl. du p.	5,30	1,80	»	Watt à balancier.
2	Hallette (à Arras)......	»	20	»	5	»	0,40	1,60	25	1,33	»	»	8,00	2,65	»	Horiz. bielle en ret.
3	Kraft......	1844	100	»	5	0,12	0,88	2,00	24	1,60	1/30	1/6	»	2,50	0,80	Id.
4	Nepveu (à Paris) grande vitesse......	1855	20	»	5	0,70	0,23	0,45	120	1,80	1/16	»	1,50	1,00	1,10	Vert. dir. 2 cylindres.
5	Flaud (à Paris) grande vitesse......	1855	20	»	5	0,50	0,15	0,25	250	2,08	»	»	1,50	1,00	1,12	Horizontale directe.
6	Ecole d'Angers......	1855	15	»	3,5	0,20	0,50	1,00	40	1,33	»	»	5,00	2,20	1,00	Id.
7	Ecole d'Aix......	1855	8	»	5	0,60	0,50	1,00	33	1,10	»	»	5,50	1,50	3,00	Vert. dir. à colonne
8	Fairbairn (à Manchester)......	1855	12	»	5	»	0,28	0,61	60	1,20	»	»	1,00	1,00	1,50	Voir la légende.
9	Atelier du Creusot......	»	100	»	5	0,30	0,50	1,50	50	2,50	1/20	1/13	10,35	4,50	»	Id.
10	Id......	1849	20	»	5	»	0,31	0,61	100	1,05	1/11	»	»	»	»	Id.
11	... grande vitesse......	1855	40	»	5	»	0,40	1,10	28	2,00	»	»	»	»	3,50	Verticale directe.
12	Imbert (à Paris)......	1842	»	»	6	0,15	0,275	0,68	100	2,00	1/34	1/12	4,50	1,50	»	Id.
13	......	1855	»	6	6	»	0,36	0,75	40	1,25	1/18	1/8	»	»	»	Horizontale directe.
14	Cavé (à Paris)......	1854	60	»	5	0,25	0,54	1,00	50	2,00	1/18	1/12	6,00	1,20	0,60	Id.
15	Marlin (à Paris)......	1855	15	»	3	0,25	0,28	0,56	60	1,36	»	1/9	3,40	1,50	0,70	Voir la légende.
16	Révollier (à Rive-de-Gier)......	1855	30	15	3	0,73	0,445	0,82	50	1,00	»	»	5,00	1,20	1,40	Id.
17	Id......	1854	80	»	5	0,70	0,70	2,00	15	1,00	»	»	9,50	1,00	1,60	Id.
18	Mallant (à Bordeaux)......	1855	25	»	5	»	0,42	0,92	45	1,38	»	»	4,20	0,90	1,00	Oscil. horizontale.
19	Becha (à Paris)......	1855	8	»	4	0,60	0,18	0,46	120	1,10	»	»	1,80	1,20	0,80	Horizontale directe.
20	Schmid (à Vienne) (Autriche)......	1855	6	»	5	0,21	0,30	0,64	80	1,20	»	»	3,00	1,20	3,60	Ver. dir. renversée.
21	Neumann et Esser (à Aix-la-Chapelle)	1855	15	»	5	»	0,315	0,63	60	1,35	»	»	1,80	1,30	0,70	Horizontale directe.
22	Ecole de Chalons......	»	7	»	5	0,20	0,30	0,72	100	2,33	1/22	»	1,80	0,60	»	Voir la légende
23	Duvoir (à Liancourt)......	1859	20	»	5	0,30	0,40	0,90	50	1,50	1/20	1/13	»	»	»	Id.
24	Id......	1859	6	»	5	0,33	0,20	0,50	100	1,66	»	»	»	»	»	Id.
25	Atelier du chemin de fer de Lyon......	1856	30	»	5	»	0,50	0,70	60	1,40	»	»	6,35	1,30	2,40	Id.

1224. Tableau E. — Dimensions principales et proportions détaillées de diverses machines à vapeur horizontales oscillantes, de M. Cavé.

MACHINES.	1	2	3	4	5
Force nominale en chevaux de 75 kil...	12	25	50	80	120
Année de la construction...	1842	1844	1845	1843	1846
Pression absolue dans la chaudière...	6 atm.	6	6	6	6
Fraction de la course où cesse l'introduction...	1/5	1/5	1/5	1/5	1/5
Diamètre du cylindre à vapeur...	0m,360	0,510	0,700	0,900	1,100
Course du piston...	1m,000	1,300	1,700	1,750	2,000
Nombre de tours de la machine par minute...	30	25	28	20	18
Vitesse du piston à vapeur par seconde.	1m,000	1,083	1,133	1,66	1,200
Surface du piston...	0mq,1017	0,2042	0,3848	0,6361	0,9503
Dimensions des lumières d'entrée...	30/140	36/220	42/320	54/420	64/500
Section des lumières d'entrée...	0mq,0042	0,0083	0,0134	0,0226	0,0320
Rapport à la surface du piston...	1/24	1/25	1/28	1/28	1/30
Diamètre du tuyau d'arrivée de vapeur.	0m,0772	0,100	0,130	0,165	0,200
Dimensions des lumières de sortie...	36/140	45/220	60,320	70/420	85/500
Section des lumières de sortie...	0mq,0050	0,0103	0,0192	0,0394	0,0425
Rapport à la surface du piston à vapeur.	1/20	1/20	1/20	1/22	1/22
Diamètre du tuyau de sortie...	0m,085	0,120	0,160	0,200	0,240
La force nominale en chevaux correspond à la détente...	1/10	1/10	1/12	1/12	1/14
Pour des coefficients d'effet utile, de...	0,50	0,50	0,50	0,60	0,60
La force réelle à la détente 1/5 donne..	20chev.	45	90	180	230
Dépense de combustible à la force nominale...	2k,50	2,50	2,00	2,00	1,60
Diamètre de la pompe à air (à double effet)...	0m,200	0,300	0,450	0,500	0,600
Course du piston...	0m,250	0,320	0,500	0,500	0,600
Nombre de tours par minute...	30	25	20	20	18
Vitesse du piston par seconde...	0m,250	0,265	0,500	0,330	0,360
Section des clapets par rapport à la surface du piston...	1/3	1/3	1/4	1/4	1/4
Rapport du volume de la pompe à air au volume du cylindre...	1/12	1/12	1/12	1/12	1/12
Volume du condenseur par rapport à celui du cylindre...	1/12	1/12	1/12	1/12	1/12
Diamètre des volants...	5m,000	6,000	7,500	8,000	9,000
Poids de la couronne...	1800k	5000	11000	17000	26600
CHAUDIÈRES:					
Nombre de chaudières, non compris celle de rechange...	1	1	1	2	2
Diamètre intérieur du corps de chaudière...	0m,800	0,800	1,200	1,200	1,200
Longueur totale...	6m,300	8,300	10,300	9,300	12,300
Diamètre intérieur des bouilleurs...	0m,500	0,500	0,650	0,600	0,700
Longueur totale...	6m,300	8,300	10,700	9,600	12,500
Surface de chauffe totale...	19mq	35	63	106	160
Surface par cheval nominal...	1mq,56	1,56	1,25	1,33	1,34
Longueur des grilles...	1m,700	1,400	2,100	2,000	2,100
Largeur...	0m,700	0,900	1,200	1,000	1,400
Surface par cheval nominal...	déc.	5	5	5	5
Section de la cheminée par cheval nominal...	idem.	1	1	1	1
Hauteur de la cheminée...	25m	35	40	45	50

1225. Tableau F relatif à des machines fixes de MM. Laurens et Thomas, ingén. à Paris (voy. no 580 et 583).

APPLICATION, DE LA MACHINE A VAPEUR.	Diamètre du CYLINDRE.	Vitesse du PISTON.	Pression de la VAPEUR.	Contrepression pendant L'ÉCHAPPEMENT.	DÉTENTE.	Forces réelles déduites D'UN ESSAI OU DU TRAVAIL.	Volume d'eau ou de vent PAR MINUTE.	Consommation par heure ET PAR CHEVAL.	
	m.	m.	atm.	atm.		chev.		kil.	
Quatre modèles de machines pour moulins, filatures, huileries, papeteries et autres usages exigeant beaucoup de régularité et de rondeur...........	0,60 0,50 0,62 0,35	1,45 1,38 1,50 1,25	4 1/2 à 4 3/4 3/4 à 5 6 1/4 à 6 1/2 4 1/2 à 5	1 1/16 à Id. Id. 1 1/2 à 2	1/12 à 1/25 Id. 1/30 à 1/40 1/3	50 à 85 35 à 40 40 à 45 14 à 16	» » » »	1,20 à 1,35 1,10 à 1,20 1,05 à 1,15 8 1/4 à 3 1/2	(1) (2)
Petites machines vives fonctionnant de 180 à 300 tours par minute, pour piles à papier, turbines à sucre, scies, ventilateurs, ateliers, moulins, etc........	0,18 Id. Id.	1,50 1,84 1,20	6 1/4 à 6 1/2 4 3/4 à 5 3 1/4 à 3 1/2	1 1/2 à 2 1 1/4 à 1 1/8 1 1/4 à 1 1/10	1/3 à 1/4 1/2 à 1/4 1/4 à 1/5	8 à 9 10 à 11 4 à 5	» » »	3 à 3 1/4 2 0/10 à 3 1 3/10 à 2	(3)
Pompe à feu pour service d'eau des villes....	0,445	0,60	6 à 5 1/2	1/16 à	1/12 à 1/10	12,30	litres. 1100	1,95	(4)
Pompe à feu pour hôpitaux, chem. de fer, etc.	0,18	0,40 à 0,50	4 1/2 à 4 3/4	Id.	1/4 à 1/5	2 à 2,30	m. cubes. 300 à 375	2,50 à 3	(5)
Soufleries rapides à tiroir (système particulier de MM. Laurens et Thomas).........	0,26 0,40 0,52 0,60	1,10 à 1,70 1,30 à 1,80 1,10 à 1,90 1,50 à 2,10	4 1/2 à 5 Id. Id. Id.	Id. Id. Id. Id.	1/4 à 1/5 1/8 à 1/10 Id. Id.	10 à 15 20 à 30 40 à 55 65 à 90	22 à 23 43 à 58 62 à 80 85 à 105	Chauffée avec les gaz. Id. Id. Id.	(6) (7) (8)
Machines pour laminoirs...........	0,50 0,60 0,73 0,90	1,50 à 2,80 1,80 à 2,70 1,60 à 2,60 1,60 à 2,60	4 1/4 à 4 3/4 Id. Id. Id.	Id. Id. Id. Id.	1/3 à 1/4 1/2 à 1/15 1/2 à 1/20 1/2 à 1/20	45 à 85 60 à 90 120 à 200 200 à 300	» » » »	Chauff. à chal¹ perd. des fours. Id. Id. Id.	(9)
Modèle no 1 de locomobile ou de machine demi-fixe...	0,16	1,50	5 3/4 à 6	1 1/10 à 1 1/7	1/3	6 à 7	»	2,70 à 2,80	(10)

Toutes ces machines sont à un seul cylindre placé horizontalement; celles à condensation ont leur pompe à air inclinée et disposée à côté du cylindre à vapeur sous la main du chauffeur.

(1) La consommation moyenne dépasse peu ces nombres résultant d'essais d'assez courte durée, et même ne les dépasse pas sensiblement lorsque ces machines sont bien entretenues.

(2) Avec utilisation de la vapeur pour des chauffages.

(3) Alimentée avec de l'eau à 90°.

(4) La tige du piston-vapeur conduit directement celle de la pompe qui est horizontale et à double effet. La force indiquée, à laquelle correspond la consommation, est celle utile, en eau élevée, c'est-à-dire celle résultant du volume d'eau fournie multiplié par la hauteur.

(5) Pour haut fourneau moyen au bois, ou pour quatre feux d'affineries.

(6) Pour grand haut fourneau au bois, ou bien avec mélange de coke.

(7) Pour fourneau moyen au coke.

(8) Pour grand fourneau au coke.

(9) Toutes ces machines conduisent directement des trains de laminoirs suivant le système de MM. Laurens et Thomas. Elles sont sans condensation ou à condensation, suivant que l'on peut établir plus ou moins de chaudières à chaleur perdue. — (10) Alimentée avec de l'eau à 50°.

La tige du piston-vapeur conduit directement la tige du piston soufflant.

1227. Tableau G offrant les dimensions comparées de 14 machines de Woolf à double cylindre, pour filature, construites en Alsace de 1827 à 1836, et communiqué par M. Cadiat.

	6	8	10	12	14	16	18	20	24	30	40	50	70	160	Observations.
Puissance nominale en chevaux	6	8	10	12	14	16	18	20	24	30	40	50	70	160	(a) Suivant l'usage adopté à cette époque en Alsace, dans les marchés, la puissance du cheval devrait être de 90 kilogrammètres au lieu de 75; en sorte que la puissance nominale des machines de ce tableau, doit être augmentée dans le rapport de 75 à 90. Cette puissance devrait être produite avec une pression de 3 1/2 atmosphères dans la chaudière. (b) Toutes ces machines ont des chaudières à bouilleurs ayant 4m,50 de surface de chauffe, une très-faible quantité de combustible. Elles jouissent d'une grande régularité de mouvement.
Puissance réelle (a) Id.	7,20	9,6	12	14,4	15,8	19	22	21	29	36	48	60	84	190	
Cylindre grand piston. Diamètre (m.)	0,305	0,355	0,400	0,437	0,460	0,495	0,520	0,545	0,590	0,650	0,745	»	0,920	1,165	
petit piston. Diamètre	0,037	0,051	0,054	0,050	0,058	0,060	0,063	0,065	0,069	0,076	0,085	»	0,108	0,165	
Diamètre de la tige	0,180	0,233	0,260	0,280	0,294	0,305	0,315	0,330	0,350	0,380	0,440	»	0,508	0,566	
Pompe à air. Diamètre du piston	0,200	0,235	0,265	0,287	0,304	0,327	0,343	0,360	0,390	0,430	0,493	»	0,508	0,758	
Diamètre de la tige	0,022	0,035	0,036	0,037	0,038	0,041	0,043	0,044	0,045	0,048	0,053	»	0,067	0,090	
Nombre de tours par minute	34	34	30	30	28	26	25	20	20	19	19	18	17	14	
Manivelle. Longueur	0,40	0,40	0,48	0,48	0,57	0,65	0,65	0,75	0,75	0,85	0,85	0,95	1,05	0,78	
Diamètre du centre	0,220	0,247	0,275	0,220	0,235	0,350	0,365	0,400	0,417	0,465	0,515	0,565	0,625	0,70	
Diamèt. du goujon	0,059	0,065	0,010	0,072	0,076	0,079	0,081	0,083	0,087	0,094	0,108	0,110	0,120	0,150	
Arbres du volant. Diamètre des tourillons	0,110	0,124	0,137	0,146	0,153	0,175	0,181	0,200	0,210	0,235	0,260	0,285	0,315	0,400	
Balanciers. Longueur	2,30	2,80	3,35	3,33	4,00	4,50	4,50	5,25	5,25	5,00	6,00	6,65	7,35	9,10	
Largeur au milieu	0,40	0,40	0,48	0,48	0,57	0,65	0,65	0,75	0,75	0,85	0,85	0,95	1,05	1,30	
Diamètre des bouls	0,092	0,100	0,108	0,114	0,119	0,124	0,128	0,132	0,142	0,148	0,152	0,172	»	»	
Diamètre des axes des boulets, côté des cylindres	0,042	0,052	0,058	0,058	0,063	0,063	0,065	0,067	0,072	0,076	0,083	0,090	0,100	»	
id., côté de la bielle	0,054	0,056	0,063	0,057	0,070	0,072	0,076	0,078	0,083	0,088	0,060	0,100	0,114	0,160	
Arbres de balanciers. Longueur	0,620	0,620	0,750	0,750	0,890	1,00	1,00	1,17	1,17	1,34	1,34	1,48	1,64	»	
Diamètre des tourillons	0,092	0,100	0,108	0,114	0,119	0,124	0,128	0,132	0,142	0,146	0,162	0,172	0,190	0,250	
Longueur des tourillons	0,110	0,120	0,130	0,137	0,141	0,149	0,154	0,158	0,170	0,178	0,194	0,207	0,227	0,310	
Bielles. Longueur	2,80	2,80	3,35	3,35	4,00	4,50	4,60	5,25	5,25	5,25	6,00	6,65	7,35	7,85	
Volants. Longueur	2,80	2,80	3,60	3,60	3,80	4,60	4,85	5,25	5,25	5,00	6,00	6,65	7,35	7,85	
Diamètre	3,00	3,00	3,50	3,50	3,80	4,25	4,85	5,25	5,60	6,35	6,35	7,10	7,25	7,85	
Poids de la jante (b)	1900 à 2550	2550	2800	3130	3880	4350	4000	5450	6500	7050	10300	11950	16000	19000	
Prix de vente y compris les chaudières (b)	14000	18000	22000	25000	29000	32000	33000	38000	43000	51000	63000	74000	90000	190000	

1227. Tableau H comparatif de pompes à vapeur élévatoires ou d'épuisement (088 et 1282).

(SYSTÈME DU CORNWALL).

	1	2	3	4	5	6	7	8	9	10
NUMÉRO D'ORDRE										
LIEU D'INSTALLATION	Cornwall.	Londres.	Londres.	Rive-de-Gier	Rive-de-Gier.	Rive-de-Gier	Rive-de-Gier	Blezberg.	Paris.	Lyon.
CONSTRUCTEURS	Île d'Ayle.	Watt.	Bon Watt.	Vivian.	»	Révollier.	Imbert.	Sering.	Creusot.	Creusot.
ANNÉE DE L'INSTALLATION	ancienne.	»	1851	1818	»	1853	1855	»	1853	1854
SYSTÈME DE LA MACHINE	à balanc.	à balanc.	à balanc.	à balanc.	à balancier.	directe.	directe.	à balanc.	à balanc.	à balanc.
Poids de la colonne d'eau à soulever	9940 k.	»	3400	»	3910	1420	5210	7580	2500	»
Hauteur totale de la colonne d'eau	428 m.	»	38,70	380	326	140	210	97	50	95
Puissance en chevaux vapeur de 75 k...	600 cb.	»	»	500	»	»	70	240	»	170
Diamètre du cylindre à vapeur	2m,03	1,56	2,00	2,03	2,04	1,50	2,20	2,67	1,70	2,00
Course	3m,35	2,14	3,00	2,25	2,06	3,00	2,92	3,65	2,60	3,00
Pression de la vapeur (timbre) en atmosphères	3 1/2	2 1/4	4 1/2	3,0	2 3/4	4,0	2 1/2	2 1/2	4 1/2	4,00
Introduction de vapeur en fraction de la course	0,17	0,62	0,33	»	0,40	»	0,07	0,20	»	0,20
Nombre de coups par minute	8	»	»	6	3 1/2	6	3	6 1/2	8	8
Diamètre de la pompe à air	0m,68	0,40	0,85	»	0,96	»	»	1,52	0,65	0,85
Course	1m,83	1,22	1,53	»	1,50	0	1,20	1,40	1,40	1,39
Diamètre de la pompe hydraulique	0m,55	0,70	1,10	»	0,39	0,36	2,00	1,00	0,80	1,00
Course	3m,44	2,44	3,05	»	2,05	3,00	2,92	2,85	1,50	2,50
Diamètre de la soupape d'entrée de vapeur	0m,25	»	»	»	»	»	0,45	0,50	0,20	0,25
— d'équilibre	0m,16	»	»	»	»	»	0,30	»	»	0,25
— d'exhaustion	0m,61	2	4	»	»	»	0,50	0,78	»	0,47
Nombre de chaudières de service	4	2	4	4	4	5	6	5	»	3
Grille, longueur	1m,22	2,44	1,69	1,20	2,00	»	»	2,10	»	2,00
— largeur	1m,22	1,47	1,00	1,20	1,64	»	»	2,00	»	1,20
— surface totale	3mq,95	5,57	7,32	5,76	10,64	»	»	21,10	»	7,20
Surface totale de chauffe	269mq,44	78,00	265,40	200,00	212	24,00	»	11,25	»	120
Longueur développée des galeries de flammes	21m,48	15,90	16,72	16,00	25,60	»	20,00	»	»	25
Système de la chaudière	Cornwall.	Watt.	Cornwall.	Cornwall. {à 1 cylindriq.}	Cornwall. {3 cylindriq.}	»	»	cylindriq.	»	à bouilleur
Cheminée hauteur totale	»	»	»	»	»	23,00	»	»	»	31
— section au sommet	»	»	»	»	»	1,10	»	»	»	0,93

II. Renseignements additionnels sur les machines des tableaux précédents.

1228. ADDITIONS AU TABLEAU A.

Nos 1 et 2. — Ces dimensions sont déduites des règles formulées par le général Morin, dans ses *Leçons de mécanique pratique*, t. III; elles se rapportent à des machines à balancier, de Watt, avec chaudières à bouilleurs ordinaires à basse pression, ne détendant presque pas, et installées en vue d'une grande régularité, dans des manufactures.

Nos 3 à 6. — Ces dimensions sont déduites des règles formulées par MM. Julien et Bataille, dans leur *Traité des machines à vapeur*, comme s'appliquant à des machines d'usines, système Watt, à balancier, et aussi jusqu'à un certain point aux anciennes machines marines à balanciers latéraux.

N° 7. *Creusot*. — Cette machine est celle de Marly, que remplace aujourd'hui une nouvelle machine hydraulique et qui remplaça elle-même la fameuse machine hydraulique d'autrefois. La machine du Creusot, accompagnée d'une quadruple batterie de deux pompes à simple effet chacune et installées avec des bâtis de fonte à colonnes très-compliqués, fut dans son temps un magnifique tour de force d'exécution, car elle fut ajustée presque toute à la lime et au burin, ou du moins avec les plus grossiers outils de circonstance. Les études furent faites par M. Cécile, architecte, et M. Martin, ingénieur. La quantité d'eau fournie était de 1800 mètres cubes, élevés en 24 heures à 160 mètres de haut, par un tube de 0m,19 incliné sur une longueur de 1300 mètres, avec une consommation de 100 hectolitres de houille.

N° 8. *Hic*. — Cette machine est celle de la gare de Saint-Ouen, près Paris; magnifique spécimen des constructions d'alors. Elle est décrite avec détail dans le *Recueil des machines d'Armengaud*, t. I.

N° 10. *Meyer*. — Cette machine est une des deux qui existent

avec une installation monumentale, à l'atelier d'ajustage du chemin de fer à Epernay : distribution à détente , stuffing-boxes à
garniture métallique, et condenseur curieux à étudier sur place.

Nᵒˢ 13 à 15. *Cavé.* — Voir, pour détails complémentaires sur ces
machines, le tableau E ci-après.

Nᵒ 17. — Très-vieille machine, installée dans une forge, d'après
les plans de M. E. Flachat.

Nᵒ 18. *Dickoff.* — Machine d'atelier très-intéressante, avec régulateur particulier très-économique, étudié par M. Timberinck,
en collaboration avec le constructeur. Il existe une machine de
ce système aux ateliers du chemin de fer, à Montigny-lès-Metz.

Nᵒˢ 19 et 20. *Cail.* — Machines d'atelier dont il existe un très-
grand nombre d'exemplaires , distribution à détente à étudier.
Voir notamment, à Paris, chez le constructeur, la grande machine
de l'atelier d'ajustage et à la manutention militaire du quai de
Billy, à Paris.

Nᵒ 21. *Sims.* — Vieille machine décrite avec détail au *Bulletin
de la Société d'encouragement*, 1ʳᵉ série, t. XLVII, et munie de
chaudières du Cornwal, installée à Elbeuf, dans une fabrique de
drap ; très-curieuse à étudier, en raison de sa consommation économique et de sa régularité.

Nᵒ 22. *Legavriant.* — Voir *Bulletin de la Société d'encouragement*, 1ʳᵉ série, t. XLVII. Machine à deux cylindres, de Wolf,
primée pour ses économies de consommation.

Nᵒ 23. *Legavriant.* — Machine d'un système particulier, détendant à la manière de Wolf, à l'aide de trois cylindres ; exposée à Paris, en 1855. Voir *Recueil des machines d'Armengaud*,
t. IX.

Nᵒˢ 25 et 26. — Machines des eaux de Berlin , construites en
Prusse, sur les plans de l'ingénieur anglais Crampton. Système à
balancier, avec distribution à tiroir. L'appareil complet comprendra
douze machines accouplées deux à deux et conjuguées sur un
même arbre, qui porte en son milieu le volant, lequel est aussi
commun à deux machines. Il n'existe actuellement que huit machines, savoir : quatre de 120 chevaux et quatre de 150 chevaux
chacune. A chaque machine correspondent deux pompes élévatoires, amenant l'eau de la *Sprée*, soit aux bassins de filtrage, soit

au réservoir de distribution, lequel est à 21 mètres de l'étiage. Actuellement on y élève, au moyen des huit machines, en nombre rond, 33000 mètres cubes d'eau filtrée en 12 heures, pour une population de 450,000 âmes. Suivent les dimensions des pompes, la première est dite nourricière ou alimentaire, les deux autres sont élévatoires :

DÉSIGNATION.	MACHINE DE		
	120 CHEVAUX.		150 CHEVAUX.
	Nº 1.	Nº 2.	Nº 3.
Diamètre de piston...........	0m,96	0m,52	0m,62
Course de piston.............	0 ,81	0 ,91	0 ,91
Nombre de coups par minute.	16	16	16
Quantité effective d'eau élevée par coup................	568 litres.	195 litres.	258 litres.
Diamètre du volant..........	4m,26		»
Poids du volant.............	10 tonnes.		12,7 tonnes.
Diamètre de son arbre.......	0m,266		0m,305

Le bâtiment des machines a 30 mètres de longueur sur 9m,20 de largeur, celui des chaudières a 47 mètres de longueur sur 14 mètres de largueur; il contiendra vingt générateurs distincts, dont douze seulement sont montés. Ils sont du système de Cornwall, et ont 9m,15 de longueur sur 1m,50 de largeur, chacun a 1mq,38 de grille et 41m,40 de surface de chauffe. Tous les générateurs sont activés par une même cheminée octogone à l'extérieur et dont le diamètre intérieur est de 2m,15; ils sont, en outre, desservis pour l'alimentation par deux petites pompes à vapeur.

En somme, l'usine hydraulique de Berlin, avec ses bassins de filtrage, est un des plus magnifiques établissements connus en ce genre. Voir pour détails complémentaires *The Engineer's journal* de 1858, et *Recueil des machines d'Armengaud*, t. XII.

Nº 27. *Windsor.* — Machine élévatoire des eaux de Nantes; actionne deux pompes et élève 6000 mètres cubes d'eau de la Loire à 35 mètres en 18 heures, en consommant 1k,204 de houille par cheval réel; le balancier a 7 mètres de longueur; il y a deux machines semblables côte à côte dans le même bâtiment.

N° 28. *Cavé*. — Machine élévatoire des eaux de la Seine à Ivry, près Paris; élève 150 mètres cubes par heure, à 48 mètres de hauteur, par un conduit de 0^m,40 de diamètre, sur 6400 mètres de longueur, avec une dépense de 80 kilogrammes de houille; elle actionne deux pompes de 0^m,40 de diamètre sur 0^m,80 de course. Le même constructeur a établi à Saint-Ouen, près Paris, un appareil élévatoire du même type, dont les pompes ont 0^m,45 de diamètre et refoulent 200 mètres cubes à 65 mètres de hauteur par heure dans une conduite longue de 4000 mètres sur 0^m,325 de diamètre, elle rend effectivement 68 chevaux. Voir le dessin dans le *Recueil des machines d'Armengaud*, t. XII.

1229. ADDITIONS AU TABLEAU B.

N° 1. *Cail*. — Voir numéro 19 du tableau précédent; chaudière tubulaire directe de locomotive, à gros tubes et tirage naturel.

N° 2. *Cail*. — Même machine, mais avec chaudière à deux bouilleurs en retour, c'est-à-dire placés sous le corps cylindrique proprement dit et chauffés par le retour de la flamme venant en dessous, après avoir léché d'abord ledit corps cylindrique; excellent service.

N° 3. *Dickoff*. — Très-petite machine à cylindre oscillant et renversé, l'arbre de couche coudé étant près du sol; établie dans une huilerie. La cheminée de la chaudière fume beaucoup; la machine occupe 1^{mq} de surface sur 2 mètres de hauteur en tout.

N° 4. *Farcot*. — Excellente machine très-économique et d'une grande rondeur de marche; cylindre à double enveloppe; elle occupe 5 mètres de longueur, 0^m,90 de largeur et 2 mètres de hauteur sans le volant; formes générales de la machine, à peu près comme en la figure 24.

N° 5. *Cavé*. — Voir tableau E.

Nos 6 et 7. *Colson.* — Belle machine pour mines, dont la première, à deux cylindres conjugués à angle droit sur le même arbre, occupe 11 mètres de longueur, 8 mètres de largeur et 9 mètres de hauteur.

N° 8. *Bourdon.* — Bonne machine d'une grande rondeur de marche, occupant 4m,50 de longueur, 1m,50 de largeur avec son soubassement, et 1m,50 de hauteur avec son socle, non compris le volant, à peu près comme en la figure 37, sauf le bâti, qui est plus élevé et à jour et le modérateur centrifuge qui est au milieu des glissières.

N° 9. *Dray.* — Petite machine très-simple pour l'agriculture : occupe 1 mètre de longueur, 1m,20 de largeur, 1m,40 de hauteur au-dessus de son socle, qui, grâce à la largeur de la base est très-réduit, et 0m,30 au-dessous de ladite base (Voir fig. 36).

N° 10. *Ateliers de la marine.* — La force de cette machine est probablement évaluée en *chevaux de marine* de 150 kilogrammètres sur le piston; ses chaudières verticales à bouilleur intérieur ont été changées récemment; la machine occupe 1m,20 de longueur, 2 mètres de largeur et 4 mètres de hauteur.

N° 11. *Tresel.* — Détente à étudier dans le recueil des machines d'Armengaud, t. IV. La machine occupe 1m,50 de longueur, 0m,80 de largeur et 8m,50 de hauteur. Le constructeur a garanti une consommation de 1,75 kilogrammes de houille par cheval et par heure.

N° 12. *Flaud.* — Très-petite machine montée sur le côté de sa chaudière, laquelle est composée d'un double cylindre ayant entre deux une simple lame d'eau qui recouvre aussi la calotte ou ciel du foyer. La partie supérieure, contenant la vapeur, est traversée par la cheminée; très-grande rapidité de marche; poids très-réduit. Elle occupe 0mq,70 de superficie et 1m,40 de hauteur.

N° 13. *Creusot.* — Machine très-simple et d'une grande rondeur de marche ; occupe 5m,70 de longueur, 1m,50 de largeur et 0m,90 de hauteur sans le volant.

N° 14. *Creusot.* — Disposition particulière à étudier sur place au Creusot, pour soufflerie à grande vitesse ; occupe 10m,40 de longueur, 2m,70 de largeur, 2 mètres de hauteur.

N° 15. *Creusot.* — Installation à étudier avec soin ; le bâti est installé du sol au plafond de l'atelier, manœuvrant directement l'arbre de transmission ; appareil d'une grande simplicité et remarquable aussi par sa rondeur de marche et son économie de pose ; il occupe 2ᵐ,65 de longueur sur 1ᵐ,60 de largeur et 6ᵐ,80 de hauteur, y compris les volants (il y en a un de chaque côté de l'arbre).

N° 16. *Creusot.* — Deux machines accouplées, à angle droit sur le même arbre, manœuvrant directement la bobine d'enroulement du câble d'un puits de mine. Les chaudières sont de simples cylindres à bouts de fonte plats, très-économiques de construction et de pose. La machine occupe 11 mètres de longueur et 7ᵐ,20 de largeur.

N° 17. *Kœchlin.* — Très-belle machine installée à l'atelier de carrosserie du chemin de fer de l'Est à Paris. Elle occupe 6ᵐ,80 de longueur, 2 mètres de largeur y compris son socle, et 1ᵐ,80 de hauteur avec ce socle, non-compris le volant. Belle exécution, figure 34.

N° 18. *Lecointe.* — A peu près la même disposition.

N° 19. *Duvoir.* — Machine pour l'agriculture, d'un système particulier, à une seule glissière ; très-simple.

N° 20. *Quillacq.* — Très-belle machine pour l'extraction des mines, à deux cylindres conjugués à angle droit directement sur le même arbre. Un grand nombre de machines semblables vient d'être installé dans le Nord et l'Est. Voir la description dans *Armengaud*, recueil des machines, t. XII. Distribution à coulisse de Stephenson ; frein à vapeur à étudier.

N° 21. *Morrison.* — Machine du service des eaux de la ville de Newcastle en Angleterre.

1250. ADDITIONS AU TABLEAU C.

N°s 1 et 2. — Ces dimensions sont proposées par M. Barlow, comme type général, dans l'ouvrage indiqué ; elles se rapportent à des machines à basse pression, avec peu ou point de détente, système Watt à balancier, à l'usage des manufactures.

N°s 3 et 4. *Hallette.* — Vieille machine de Watt à balancier, servant de moteur aux marteaux-frontaux d'une forge ; chauffage par la flamme perdue des fours à puddler.

N° 5. *Cokerill.* — Vieille machine servant de moteur à un laminoir ; chauffage par la flamme perdue des fours à puddler.

N° 8. *Cail.* — Très-belle machine à grande vitesse et action directe des laminoirs d'Aubin, établie sur bâtis creux du système Withworth, reposant sur le sol ; deux machines semblables sont accouplées et conjuguées à angle droit sur le même arbre du volant.

N° 9. *Cail.* — Machine d'atelier, horizontale directe, à grande vitesse.

N° 11. *Farcot.* — Bâtis à colonne au-dessus du cylindre (système dit de Fairbairn, en Angleterre). Voir *Recueil de machines d'Armengaud*, t. III.

N° 13. *Scribe.* — Petite machine disposée comme celle de Sims (tableau A, N° 21), avec deux cylindres, l'un au-dessus de l'autre, détendant à la manière de Wolf.

N° 14. *Farineaux.* — Cette machine décrite avec détail dans *Armengaud*, t. VII, a diverses particularités, notamment deux cylindres verticaux, de dimensions différentes et se transmettant la vapeur de l'un à l'autre, à la manière de Woolf.

N° 15. *Hallette et Flachat.* — L'une des quatre machines horizontales directes, établie à Saint-Germain, pour le chemin de fer atmosphérique. Voir description, notamment dans *Armengaud*, t. VI, et *Julien Bataille*, 2e section, pl. 21 et 22. Remarquer spécialement la distribution à détente variable, par cames et clapets, ainsi que la condensation avec pompe à moteurs spéciaux. Voir enfin les chaudières *semi-tubulaires* de Cail.

N° 18. *Mazeline*. — Belle machine horizontale directe dont la force de 80 chevaux, estimée en l'unité accoutumée de la marine, représente environ 240 chevaux effectifs, de 75 kilogrammètres. Elle est installée à Rouen, aux laminoirs de M. Laubénière; installation simple, large et très-solide, avec cadre creux du système Withworth, reposant sur le sol.

N°s 19 et 20. — Trois belles machines de M. Legavriant et fils, de Lille, pour ateliers divers, la dernière à grande vitesse, munies de régulateur à air, du système Larivierre. Ces machines rappellent le type Thomas et Laurens. Pompe à air oblique, mue par un excentrique.

1251. Additions au tableau D.

N° 1. — Pas de renseignements particuliers.

N° 2. *Hallette*. — Ancienne machine à cylindre horizontal avec bielles latérales revenant en arrière ; description détaillée dans le *Recueil des machines d'Armengaud*, t. VI.

N° 3. — Machine des laminoirs de M. Dietrich, à Moutherhausen, exécutée à l'usine, sur les plans de M. Krafft; horizontale directe, détente variable, volant de 25 tonnes et 7ᵐ,25 de diamètre, portant l'engrenage accélérateur sur sa jante. Description détaillée au *Recueil d'Armengaud*, t. VI.

N°s 4 et 5. — Exemples de machines de proportions très-réduites et animées d'une très-grande vitesse, surtout la seconde.

N°s 6 et 7. — Machine exposée à Paris en 1855, comme spécimen de la fabrication des écoles d'arts et métiers. Très-belle exécution du même type horizontal directe, à détente variable.

N° 8. *Fairbairn*. — Machine verticale sur bâtis en colonne, type exécuté souvent en France, par M. Farcot. Elle a fait un excellent service dans la galerie de l'exposition universelle de 1855.

N°s 9 à 11. — Des machines de ce modèle, horizontal direct avec distribution à détente variable par cames et clapets, existent en grand nombre, notamment au Creusot, pour tous usages, et en particulier pour les laminoirs. Ce type a été originairement étudié par M. Bourdon (de Marseille), alors ingénieur du Creusot.

N° 12. *Imbert.* — Description dans *Armengaud, Recueil des machines*, t. II.

N° 16. *Révollier.* — Machine avec distribution à clapets intéressante à étudier. Voir *Armengaud*, t. XII.

N° 18. *Maldant.* — Distribution à tiroir découvert, curieuse à étudier, système horizontal direct, très-simple, description détaillée dans le recueil d'*Armengaud*, t. X.

N° 23 et 24. *Duvoir.* — Système horizontal direct ; modérateur à anneau, d'un système particulier, très-simple et très-curieux.

N° 25. — Deux machines semblables, directes, à cylindre fixe, inclinées vis-à-vis, comme dans les bateaux, sont conjuguées sur le même arbre, de sorte que celui-ci peut être et est ordinairement conduit par une seule des deux, pendant que l'autre se repose ou se répare. En cas de travail exceptionnel à faire, on accouple les deux machines ; leur exécution est admirable ; elles ont aussi une rondeur de marche, une douceur de mouvement et une solidité remarquables ; elles ont été étudiées dans les bureaux de la Compagnie, sous la direction de M. Delpech. Examiner spécialement l'assise sur le bâti et la distribution par coulisse. Description détaillée au *Recueil des machines d'Armengaud*, t. XI.

1232. ADDITIONS AU TABLEAU H DES POMPES A VAPEUR.

N° 1. — Puissante machine pour épuisement de mines.

N°s 2 et 3. — Pompes élévatoires des eaux de la Tamise, pour le service de la ville de Londres ; description complète par M. Vitkstead. (Voir à la bibliothèque du Conservatoire à Paris.)

N°s 4 à 7. — Pompes d'épuisement des mines. Le n° 6 est à haute pression, sans condensation.

N° 8. — Pompe d'épuisement de mine, décrite dans la publication belge dite *Portefeuille de John Cokerill.* Cette machine est proportionnée pour donner une bien plus grande force un jour avec l'approfondissement du puits.

Nº 9. — Pompe élévatoire des eaux de la Seine pour les conduire au réservoir de Chaillot; description dans l'ouvrage *sur le Service des eaux des villes*, par M. Dupuy.

Nº 10. — Cette machine est une des trois pompes à feu du quai Saint-Clair, à Lyon, dont la force collective est de 500 chevaux, et dont l'installation peut servir de modèle. Elles sont établies au bord du Rhône, et refoulent les eaux tant dans l'intérieur de la ville, aux diverses hauteurs de 15 à 30 mètres, que dans la vasque montée sur des colonnes à jour qui s'élève elle-même à 22 mètres de hauteur sur la colline du quartier de la Croix-Rousse. Aux renseignements du tableau, sur les chaudières, nous ajouterons qu'elles contiennent chacune 7900 litres de vapeur, et 14785 d'eau, soit par cheval 52 litres de vapeur et 98 litres d'eau. La consommation moyenne égale 1^k,70 par cheval et par heure. Chaque chaudière se compose d'un gros cylindre de 1^m,20 de diamètre sur 10^m,80 de long, recevant d'abord la flamme, puis d'un gros bouilleur inférieur, long de 9 mètres et 1 mètre de diamètre, lequel subit le retour de la flamme. Voir le *Mémoire sur les eaux de Lyon*, par M. Dumont.

On consultera sur les machines d'épuisement un tableau comparatif de 10 machines du Cornwall, dressé en 1838, par John Emys et traduit dans le *Recueil des machines d'Armengaud*, t. VI.

------

§ 2. LOCOMOTIVES.

I. Tableaux.

1233. Outre les tableaux ci-après, il en existe un grand nombre à consulter en divers ouvrages, notamment :

1º Tableau comparatif des dimensions et conditions de service de diverses locomotives anglaises et françaises de construction antérieure à l'année 1840, par M. Tourasse, au *Recueil des machines d'Armengaud*, t. I et t. III ;

2° Détail des dimensions de deux anciennes machines, l'une de Bury, l'autre de Gooch sur le South–Western railway, dans le *Traité* de Julien et Bataille, 1re section ;

3° Devis de construction de diverses locomotives dans le traité précité, 2e section ;

4° Devis du prix de construction de quarante locomotives à marchandises, par M. Polonceau. Dans la nouvelle édition du *Guide du mécanicien ;*

5° Devis de construction de diverses locomotives américaines, dressé par M. Zera-Colburn. Voir *the Engineer journal* de janvier 1862 ;

6° Calcul de la puissance des machines locomotives fonctionnant sur divers chemins de fer; travail très-utile, de M. H. Mathieu. Mémoire XII aux comptes rendus des ingénieurs civils ;

7° Tableau comparatif très-détaillé des dimensions de dix-huit types de diverses locomotives, dans la première édition du *Guide du mécanicien conducteur et constructeur de locomotives,* par Lechatellier, Petiet, Flachat et Polonceau ;

8° Tableau comparatif de vingt types de locomotives et tenders, dans la deuxième édition du même ouvrage ;

9° Tableau comparatif des proportions relatives de vingt-deux locomotives, particulièrement en ce qui concerne la vaporisation; dans le mémoire de M. Flachat, sur la traversée des Alpes par chemin de fer ;

10° Proportions de toutes les parties d'une locomotive en fonctions ; de quelques dimensions fondamentales, par Redtenbacher (Résultats scientifiques et pratiques destinés à la construction des machines).

1234. Tableau I comparatif de diverses locomotives

ordinaires à voyageurs (voy. n° 1244).

Numéros d'ordre	CONSTRUCTEURS	Année de la construction	LIGNES DESSERVIES	ROUES DIAMÈTRE Avant	Milieu	Arrière	Écartement extérieur	PISTONS Diamètre	LUMIÈRES Course	Timbre de la chaudière	Longueur	LARGEUR Entrée	Sortie
1	Stephenson	1838	Versailles	1,06	1,68	1,06	»	32	55	»	»	»	»
2	Id.	1843	Orléans	1,10	1,70	1,10	3,53	35	55	5	253	53	66
3	Id.	1851	South-Eastern	1,70	1,20	1,84	4,57	38	56	9	»	»	»
4	Id.	1855	Méditerranée	1,70	1,97	1,70	4,55	36	»	5	270	52	68
5	Id.	»	Berwick	1,10	2,03	1,16	4,20	40	92	»	270	»	»
6	Id.	»	South-Eastern	1,06	1,08	1,32	4,80	33	55	»	»	»	»
7	Creusot (ateliers du)	1838	Versailles	»	1,10	»	»	33	45	4	»	»	»
8	Tourasse (atelier du chemin de fer)	1841	Saint-Étienne	»	1,30	»	»	36	42	»	»	»	»
9	Hawthorn	»	»	1,35	1,805	1,15	»	28	63	»	30	50	
10	Id.	1842	Orléans	1,05	1,815	1,05	3,20	32	65	6	177	52	49
11	Hawthorn	1830	Great-Northern	1,067	1,92	1,067	4,38	34	49	»	200	40	51
12	Sharp	1840	Versailles (R. G.)	1,05	1,67	1,05	3,44	33	46	5	»	»	»
13	Id.	1843	Orléans	1,377	1,845	1,07	3,49	35	46	»	191	43	57
14	Id.	1845	Id.	0,94	1,54	0,94	3,72	35	52	»	246	64	60
15	Id.	1850	South-Eastern	1,21	1,82	1,21	4,87	38	56	9	»	»	»
16	Bury	»	South-Western	1,72	2,08	1,17	»	30	40	»	152	23	44
17	Fairbairn	»	Id.	1,02	1,70	1,19	3,70	38	46	»	261	22	57
18	Id.	1810	Shrewsbury	1,08	1,72	1,05	4,70	40	57	»	269	28	70
19	Gooch	»	South-Western	1,70	1,97	1,30	4,55	55	57	»	300	38	63
20	Poncelet	1855	Belgique	1,40	1,83	1,14	4,21	38	56	7	»	»	»
21	Zaman	1855	Belgique	1,14	1,62	1,14	4,21	38	56	7	240	55	65
22	Cail	1847	Est	1,06	1,68	1,00	3,615	38	55	6	250	40	70
23	Id.	1848	Lyon	1,10	1,86	1,13	4,015	53	60	5	330	40	50
24	Id.	1854	Lyon	1,30	1,89	1,10	4,48	40	60	5	310	»	»
25	Hudisson	1846	Rouen	1,02	1,68	1,07	3,65	35	51	»	205	52	55
26	Halette	1849	Troyes	1,00	1,68	1,00	3,01	34	55	»	250	»	65
27	Rocklin	»	Tours	»	1,82	1,00	3,61	38	55	»	250	40	55
28	Id.	»	Est	1,02	1,68	1,05	»	36	46	5	250	43	71
29	Atelier du chemin de fer à Mulhouse	1851	Est	1,08	1,70	1,05	»	37	55	5	250	54	68
30	Id.	1838	Versailles	»	1,70	»	»	33	49	5	198	34	»
31	Cavé	1846	Est	1,20	1,80	1,10	3,95	34	54	6	240	40	76
32	Id.	1854	Orléans	1,247	1,854	1,247	4,32	40	00	6	280	35	65
33	Poncelet	1855	Orléans	1,547	1,854	1,247	4,55	40	00	6	280	35	65
34	Allan	»	Nord-Western	1,06	1,82	1,02	3,90	38	55	»	276	57	50
35	Peacock	»	Écosse	1,05	1,58	1,05	4,21	40	55	»	283	31	101
36	Hawthorn	1859	Great-Northern	1,72	1,52	1,23	4,57	40	50	»	306	20	72

TUBES			SURFACE DE CHAUFFE			GRILLE		Hauteur de la grille au premier rang de tubes	Hauteur supérieure de la boîte à fumée	Volume de vapeur dans la chaudière	CHEMINÉE		POIDS			Réparti sur les roues		
Nombre	Longueur	Tubes	Foyer	Total	Longueur	Largeur				Diamètre	Hauteur	Total	Avant	Milieu	Arrière			
104	3,54	46,75	5,70	52,45	1,10	1,05	0,50	»	»	»	15,50	»	5,500	»	»			
100	3,58	63,3	5,10	68,41	0,975	0,92	0,96	0,33	1,92	820	22,30	5,012	6,435	5,046			

1255. Tableau J des principales locomotives à grande vitesse (voy. n° 1242).

N° d'ordre	Constructeurs	Année de la construction	Agent destructeur	ROUES — Diamètre Avant	Milieu	Arrière	Entr'axe extrême	PISTONS Diamètre	Course	LUMIÈRES Longueur	Largeur Entrée	Sortie	Pression de la vapeur
				m.	m.	m.	m.	c^m.	c^m.	c^m.	c^m.	c^m.	at.
1	Cail	1849	Nord	1,35	1,22	2,10	4,88	40	55	30	5	9	7
2	Id.	1854	Nord	1,35	1,22	2,10	4,88	42	55	30	5	9	7
3	Id.	1854	Est	1,35	1,50	2,30	4,50	40	56	30	5	9	7
4	Id.	1854	Lyon	1,36	1,32	2,10	4,66	42	60	30	5	9	8
5	Stephenson	1850	North-Western	»	»	1,98	4,35	40,6	36	»	»	»	8
6	Sharp	1852	North-Western	»	»	2,13	»	40	55	»	»	»	9,16
7	Hawthorn	1850	North-Western	1,14	1,11	1,86	4,70	40,6	53	»	»	»	»
8	Beattie	1852	South-Western	»	2,13	»	»	38	52	»	»	»	8
9	Borsig	1855	Prusse	1,36	1,37	1,36	»	38	55	4	»	»	»
10	Id.	1856	Prusse	1,22	1,23	1,22	4,50	33	36	»	»	»	»
11	Kessler	1855	Allemagne	1,22	1,22	1,50	5,85	38	61	»	»	»	7
12	Ateliers de Carlsruhe	1855	Wurtemberg	1,14	1,14	2,13	4,36	40,5	56	33	»	»	7
13	Cavé	1856	Est	1,30	2,00	1,80	3,27	38	56	25	4	7,6	7
14	Polonceau	1853	Orléans	1,25	2,00	1,25	4,32	49	60	28	3,5	6,3	8
15	Gouin	1855	Midi	1,10	2,50	1,30	4,70	42	56	31	4	7,5	8
16	Cail	1855	Nord	1,35	1,22/1,23	2,10	5,16	42	55	36	5	9	7
17	Buddicom	1858	Havre	1,69	1,35	1,69	»	37	53	30,5	3,2	8,4	8
18	Sharp	1855	Great-Northern	1,56	2,13	1,56	5,48	43	55	40	3,5	10,3	11
19	Colett	1861	»	1,52	1,98/1,98	1,92	»	43	56	»	»	»	11
20	Stephenson	»	Egypte	2,06	1,00	1,83	3,78	35,5	56	»	»	»	»
21	Creusot	1861	Russie	1,30	2,10/2,10	1,30	5,60	44	60	33	5	6,0	8

N°	TUBES Nombre	Longueur	Surface de chauffe Tubes	Foyer	Totale	GRILLE Longueur	Largeur	Hauteur de la grille au 1er rang de tubes	Cheminée Diamètre	Hauteur au-dessus de la sole à feu	VOLUME d'eau	de vapeur	POIDS total	sur roues Avant	Milieu	Arrière
		m.	m.q.	m.q.	m.q.	m.	m.	c^m.	c^m.	m.	litr.	litr.	ton.	ton.	ton.	ton.
1	177	3,65	94,96	7,57	102,54	1,37	1,04	58	40	1,95	»	610	27,3	10,0	7,0	10,3
2	173	2,05	92,30	6,70	98,50	1,37	1,04	52	42	1,88	»	610	29,2	10,6	8,0	10,6
3	180	3,46	88,80	8,85	97,65	1,33	1,04	57	39	1,86	»	»	28,0	10,7	7,1	10,8
4	180	3,46	89,80	6,53	96,83	»	»	»	»	»	»	»	29,3	10,9	7,11	11,31
5	»	»	101,57	6,51	107,88	»	»	»	»	»	»	»	23,52	8,12	6,0	11,0
6	»	»	102,30	13,36	115,09	»	»	»	»	»	»	»	»	»	»	»
7	156	»	80,00	9,20	89,20	»	»	»	»	»	»	»	»	»	»	»
8	»	3,12	»	»	»	»	»	»	»	»	»	»	»	»	»	»
9	150	3,30	»	89,42	»	»	»	»	»	»	»	»	24,35	9,087	10,367	4,922
10	»	4,00	89,45	»	1,02	»	»	26	1,40	»	»	»	24,35	9,087	10,16	4,82
11	168	3,34	82,60	5,90	88,60	0,90	»	»	»	»	»	»	26,00	16,02	5,75	10,00
12	214	3,03	87,70	6,13	94,60	1,00	1,00	56	36	2,13	»	1840	29,10	12,10	8,00	8,00
13	168	3,41	71,85	6,34	78,19	1,23	0,98	75	40	1,58	1100	»	26,73	8,24	6,00	9,49
14	182	3,15	72,25	5,70	77,94	1,265	1,08	60	49	2,00	2424	1043	23,00	9,5	12	5,1
15	160	5,10	91,00	7,80	98,80	1,98	1,05	78	46	1,68	»	1180	26,00	9,60	12,5	12,6
16	172	3,66	94,31	8,85	103,16	1,322	1,00	75	40	1,645	»	»	40,70	17,90	9,90	12,90
17	186	2,78	»	»	»	0,924	1,05	»	37	1,80	»	»	21,70	6,03	9,60	6,05
18	168	5,17	81,70	10,40	92,02	1,94	»	41	»	»	»	»	34,03	10,76	13,0	10,86
19	154	4,63	111,00	8,74	119,74	»	»	»	»	»	»	»	34,00	»	»	»
20	182	4,25	63,30	4,41	67,71	0,85	0,95	»	28	1,42	»	»	»	»	»	»
21	180	4,35	178,14	10,14	193,36	2,00	0,36	78	44	2,46	2635	1985	29,50	10,05	11,12/10,90	7,52

1256. Tableau K comparatif des principaux types

Numéro d'ordre	CONSTRUCTEURS	Année de la construction	LIGNES DESSERVIES	ROUES couplées Nombre	Diamètre	ROUES libres Nombre	Diamètre	Écartement des voies extérieures	PISTONS Diamètre	Course	Pression de la vapeur dans la chaudière	LUMIÈRES Longueur	Largeur	Entrée	Sortie
					m.		m.	m.	c".	c". atm.		o". c".	c".	c".	c".
1	Cl. Désormes...	1846	Saint-Étienne...	6	1,25	0	»	»	34	48	8	30	3	»	
2	Stephenson...	1845	Orléans...	6	1,45	0	»	3,12	36	51	»	24	4	7,6	
3	id.	1845	»	4	1,42	2	0,81	3,48	38	50	»	26	3,6	10	
4	Atelier de l'Expansion...	1848	Est...	8	1,42	0	»	3,36	38	64	8	26	4	7,6	
5	Cail...	1854	Est...	6	1,42	0	»	3,35	38	61	6	24	4	7,6	
6	id.	1854	Lyon...	6	1,46	0	»	3,13	42	60	7	31	4,8	8,4	
7	id.	1854	Est...	6	1,46	0	»	3,13	44	60	7	31	4,8	8,4	
8	id.	1854	Grand-Central...	6	1,46	0	»	»	45	55	8	24	4,8	8,4	
9	Koechlin...	1847	Tours...	8	1,33	0	»	3,20	58	60	»	31	4	7,6	
10	id.	1852	Est...	8	1,42	0	»	3,40	42	61	7	25	4	7,6	
11	Koechlin...	1856	Est...	6	1,50	0	»	5,30	42	64	»	30	4	7,6	
12	Atel. de Mulhouse...	1856	Est...	4	1,46	2	1,00	3,12	42	60	8	35	3,6	7,2	
13	Creuzot...	1852	Nord...	6	1,44	0	»	4,70	40	68	7	35	4	10	
14	Budicom...	»	»	6	1,52	0	»	»	3'	61	»	»	»	»	
15	Bury...	1830	Great-Northern...	4	1,52	2	7,40	35	61	»	»	»	»		
16	Hawthorn...	»	North-British...	6	1,52	0	»	4,20	48	61	7,80	»	»	»	
17	Fairbairn...	»	North-Western...	6	1,52	0	»	»	46	6	6,16	»	»		
18	Atel. de la Cie...	1851	Nord...	6	1,54	0	»	7,90	35	61	7	25	4	7,6	
19	Polonceau...	»	Orléans...	4	1,30	2	1,00	3,125	44	60	»	31	3,6	7,7	
20	Iz.	1854	Orléans...	6	1,35	0	»	4,70	42	60	»	28	3,5	6,5	
21	Polonceau...	1854	Orléans...	6	1,30	0	»	3,34	42	61	8	28	3,5	6,5	
22	Sharp...	»	»	6	1,52	0	»	»	13	58	»	»	»	»	
23	id.	»	Manchester...	6	1,57	0	»	3,81	45,5	60	»	36	7,7	6,2	
24	Marzok...	»	Great-Northern...	6	1,52	0	»	4,05	49	60	»	35	3,7	8,7	
25	Allan...	1846	North-Western...	4	1,52	2	0,91	3,36	42	54	»	25	3,6,2	
26	Haswell...	1852	Autriche...	8	1,4	0	»	3,81	50	63	»	28	3,8	7,6	
27	Creuzot...	1856	Cd-Ardennes...	6	1,45	0	»	3,44	44	78	»	31	4	8	
28	Iz.	1858	Nord-Espagne...	6	1,50	0	»	3,52	44	60	»	33	4	8	
29	Guillon...	1858	Lombard...	6	1,42	0	»	3,43	42	61	»	32	4	7	
30	Sharp...	1855	Égypte...	6	1,55	0	»	4,05	43	61	»	»	»	»	
31	Cail...	1856	Orléans...	6	1,52	0	»	3,48	41	61	8	28	3,5	7	
32	Stephenson...	»	Rio...	6	1,42	0	»	3,60	40,6	60	»	»	»	»	
33	Peacok...	»	Égypte...	6	1,52	0	»	4,70	40,6	60	»	33	5,1	6,8	
34	Hawthorn...	»	Italie...	6	1,37	0	»	4,70	40,6	60	»	»	»		
35	Cail...	1861	Orléans...	8	1,28	0	»	4,08	50,9	61	8	35	3,7	6,8	
36	Slaugler...	»	Great-Western...	2	1,20	0	»	4,90	50,9	61	8	»	»	»	

de locomotives à marchandises (voy. n° 1243).

TUBES Nombre	Longueur	SURFACE DE CHAUFFE Tubes	Foyer	Totale	GRILLE Longueur	Largeur	Diamètre au premier rang de tubes	Hauteur de la grille au-dessus des rails	CHEMINÉE Diamètre	Hauteur au-dessus de la boîte à fumée	Chambre de vapeur	Poids total	CHARGE SUR LES ROUES Avant	Milieu	Arrière
un.	m. q.	m. q.	m. q.	m²	m.	c".	c".	un.	ton.	ton.	ton.	ton.			
96	3,75	»	»	54,00	0,72	1,00	50	126	1,70	»	»	»	»	»	»
139	3,91	72,70	5,06	76,59	0,95	0,92	66	33	1,61	1,70	22,76	5,812	8,43	8,047	
»	5,50	»	»	»	0,96	0,96	50	32	»	»	»	»	»	»	
143	3,917	50,00	5,07	56,07	1,03	0,91	»	28	»	»	25,00	8,23	8,30	8,25	
142	3,927	78,84	5,92	84,75	1,05	0,903	»	40	»	»	14,00	7,37	8,0	8,23	
154	4,02	80,00	7,10	87,19	1,11	0,914	55	40	1,71	1,02	26,35	8,73	9,05	8,73	
154	4,02	93,6	7,92	101,03	1,71	0,92	»	42	1,58	»	47,30	»	»	»	
191	4,30	177,05	5,93	136,19	1,30	1,02	»	»	»	»	»	»	»	»	
128	3,78	90,00	5,71	76,71	1,00	0,94	76	34	1,80	0,49	23,12	7,743	8,60	7,778	
166	4,01	96,87	6,74	103,41	1,30	0,93	»	42	1,59	»	26,61	8,330	8,307	8,131	
168	4,03	90,00	7,79	99,20	1,70	1,00	»	35	»	»	22,25	10,96	10,64	8,58	
200	5,96	93,10	5,63	98,90	1,15	0,97	55	35	1,80	»	28,00	»	»	»	
250	3,925	115,26	9,76	125,55	1,400	1,021	89	40	1,30	1,830	51,74	12,80	12,35	7,72	
102	»	62,61	5,00	66,51	»	»	»	40	»	»	»	»	»	»	
160	3,45	92,77	»	»	»	»	»	31	»	»	»	»	»	»	
»	»	72,00	6,51	79,51	»	»	»	35	»	»	»	»	»	»	
160	3,75	»	11,16	143,72	»	»	»	»	»	»	»	»	»	»	
164	3,76	96,00	6,23	97,05	1,27	0,910	60	55	1,76	»	25,00	9,00	4,3	8,5	
180	3,70	»	6,23	95,69	1,02	0,92	55	40	1,69	1,130	33,05	10,305	6,3	6,55	
188	3,215	»	5,72	»	1,025	1,07	»	40	»	»	»	»	»	»	
204	4,109	135,00	7,86	143,09	1,10	1,07	75	42	1,60	1,530	51,00	10,15	10,50	10,15	
102	»	94,00	»	»	Surf.	1,03	»	37	1,52	»	26,50	6,5	9,5	8,5	
157	3,75	»	5,33	»	1,15	0,88	75	37	1,57	»	19,10	10,5	11,5	7,5	
167	3,96	»	18,12	»	1,38	1,00	»	31	1,12	»	14,50	9,75	9,6	6,25	
158	2,78	»	»	»	0,91	1,00	»	37	1,45	»	14,50	8,84	17,07	6,98	
161	4,30	130,85	6,79	137,50	1,24	0,92	40	45	1,93	»	34,00	27,95	10,3	11,0	
197	4,92	116,98	8,05	124,70	1,388	0,99	61	42	1,45	»	49,00	12,545	11,09	11,0	
164	4,17	95,55	7,83	100,40	1,978	1,068	65	43	1,65	1,625	31,00	»	»	»	
163	3,072	107,00	8,05	»	1,264	1,015	»	35	1,38	1,295	10,48	8,545	9,265	9,510	
170	3,500	160,00	7,49	167,45	»	»	»	35	»	»	»	»	»	»	
167	4,50	117,34	6,79	123,53	1,49	0,97	»	43	1,57	7,492	»	»	»	»	
133	4,17	94,00	7,54	93,29	»	»	»	»	»	»	»	»	»	»	
191	3,43	89,73	9,10	100,41	1,75	1,00	67	32-35	1,57	»	»	»	»	»	
128	3,10	68,45	6,05	76,18	1,37	1,86	66	35	1,53	»	»	»	»	»	
249	5,96	153,00	10,00	163,00	1,09	0,97	»	»	»	»	44,00	»	»	»	
340	3,07	137,00	11,50	148,90	»	»	»	»	»	»	30,00	»	»	»	

1257. Tableau L contenant la comparaison

de diverses locomotives mixtes (voy. nᵒ 1244).

Numéro d'ordre.	Constructeurs.	Année de la construction.	LIGNES desservies.	DIAMÈTRE des roues d'avant.	du milieu.	d'arrière.	Écartement des roues extrêmes.	PISTONS Diamètre.	Course.	Pression de la vapeur	LUMIÈRES Longueur.	Largeur à l'entrée	fin la sortie	TUBES Nombre.	Longueur.
1	Kœchlin.....	1854	Est......	1,30	1,65	1,66	3,52	420	560	8	300	40	75	166	4,036
2	Id........	1855	Genève..	1,71	1,68	1,66	3,30	400	580	7	300	40	72	192	3,92
3	Gouin.....	1856	Ouest...	1,65	1,55	1,10	3,44	400	560	7	300	40	72	145	3,93
4	Id........	1853	»	1,50	1,50	1,10	4,00	380	590	6	250	43	85	163	3,10
5	Id........	1849	Lyon....	1,82	1,82	1,10	4,23	400	550	»	300	40	50	155	3,22
6	Cavé......	1848	Ouest...	1,10	1,60	1,60	3,44	350	560	6	250	40	72	145	3,22
7	Egestorff..	1855	Portugal.	1,62	1,49	1,48	3,35	400	600	7	»	»	»	162	4,05
8	Creusot...	1852	Est......	1,70	1,68	1,68	3,65	420	608	8	250	40	70	143	4,067
9	Kitson....	»	Leeds....	1,35	1,30	1,30	4,50	406	558	»	350	33	55	147	3,32
10	Hawthorn..	1,32	1,82	»	4,57	406	558	»	»	»	»	»	»	»	»
11	Boddicom..	1854	»	1,69	1,67	1,67	3,72	430	560	7	305	38	76	190	3,115
12	Atel. du chemin de fer.	1854	Bâle (franç.).	1,82	1,82	1,20	»	420	600	»	290	40	70	200	3,95
13	Cail......	1854	Est......	1,70	1,70	1,20	3,235	420	500	7	310	42	84	162	3,25
14	Borsig....	»	Prusse...	»	1,59	3,340	406	600	»	»	»	186	4,125			
15	Id........	»	Prusse...	»	1,82	1,82	»	390	560	»	»	»	152	3,324	
16	Wöhlert...	»	Prusse...	»	»	»	3,574	390	560	»	»	»	164	4,287
17	Cl. Désormes.	1845	St-Étienne.	1,50	0	1,50	»	350	500	»	300	30	»	96	3,38
18	Edwards..	1831	St-Étienne.	1,30	0	1,30	»	380	410	»	»	»	102	3,00
19	Bury.....	»	Birmingham.	1,90	0	1,90	3,30	400	»	»	180	55	70	57	3,50
20	Borsig....	1854	Bavière...	»	1,23	1,23	4,235	420	560	7	310	43	84	102	3,25
21	Gouin.....	1854	Midi.....	»	»	»	4,70	410	560	7	310	»	»	180	3,90
22	Creusot...	1856	Espagne.	1,50	1,68	1,68	»	410	600	8	336	40	70	164	4,167
23	Oullins...	1853	Espagne..	1,85	1,85	1,21	4,40	400	560	8	280	60	80	170	3,825
24	Oullins...	1859	Lombard..	1,80	1,67	1,87	3,300	400	560	8	300	56	75	183	3,922
25	Sinclair...	1850	East-Counties	1,90	1,69	1,85	4,40	450	600	»	304	27	88	»	3,80
26	Cudworth..	1859	Sth-Eastern.	1,11	1,67	1,67	3,95	355	507	»	»	»	»	110	2,80
27	Fairbairn..	»	Écosse...	1,08	1,67	1,67	4,25	380	507	»	»	»	»	130	3,46
28	Sharp.....	1818	Egypte...	1,12	1,12	1,60	4,41	400	500	»	330	»	»	126	3,22
29	Allan.....	»	Écosse...	1,40	1,49	1,10	3,95	406	507	»	304	»	88	120	3,22

Surface de chauffe.			GRILLE.			CHEMINÉE.					RÉPARTITION du poids sur les roues.		
Tubes.	Foyer.	Totale.	Longueur.	Largeur.	Hauteur de la grille au 1ᵉʳ rang de tubes.	Diamètre.	Hauteur au-dessus de la base à fumée.	Chambre de vapeur.	Poids total.	d'avant.	du milieu.	d'arrière.
m. q.	m. q.	m. q.	m.	m.	cent.	cent.	m.	to. c.	ton.	ton.	ton.	ton.
82,90	7,70	89,20	1,70	0,93	60	40	1,50	»	25,00	10,60	10,4	4,00
86,30	7,20	93,50	1,164	»	»	36	»	»	26,075	8,94	9,55	10,185
73,50	»	»	1,12	0,96	58	34	1,85	»	»	»	»	»
»	»	»	1,10	0,96	50	34	1,82	»	22,52	9,01	8,30	6,21
77,60	7,86	85,46	1,20	1,042	87	40	1,51	1,14	25,420	9,09	11,06	5,27
80,23	5,30	85,53	1,00	0,92	68	23	1,785	1,33	23,041	7,303	10,724	5,512
82,50	6,40	89,00	1,16	1,02	»	27	1,30	»	24,00	»	14,50	»
86,15	7,88	74,03	1,22	1,05	93	35	1,52	»	20,00	»	»	»
10,45	9,30	85,75	»	»	»	»	»	»	»	»	»	»
82,00	5,51	87,51	1,20	0,95	52	41	1,62	»	»	»	»	»
89,96	5,65	95,61	1,10	0,95	25	23	1,55	»	28,00	»	»	»
71,72	7,41	23,13	1,70	1,03	»	42	1,25	»	24,90	10,30	11,60	3,30
93,77	»	»	1,151	1,042	»	»	»	»	»	»	»	»
64,00	»	»	1,256	0,93	»	»	»	»	»	»	»	»
100,00	»	»	1,352	1,00	»	»	»	»	»	»	»	»
95,43	3,31	28,74	(0mq,506)	»	60	28	1,70	»	»	»	»	»
»	»	47,00	0,60	»	»	60	»	»	9,25	»	»	»
77,75	7,41	85,15	1,20	1,03	»	49	2,45	»	»	»	»	»
91,00	7,80	92,60	1,32	1,05	78	40	1,68	»	»	»	»	»
96,55	7,85	105,40	1,228	1,08	85	43	1,65	1,12	31,00	»	»	»
85,24	7,86	93,04	1,232	1,058	»	40	1,77	1,75	»	»	»	»
107,60	8,32	115,92	1,232	1,046	»	35	1,58	1,30	25,30	7,56	6,27	9,07
»	»	»	1,22	0,96	61	33 / 43	1,52	»	»	»	»	»
69,45	9,84	79,29	1,97	0,93	»	23 / 36	1,10	»	25,45	8,40	8,15	8,90
69,00	5,32	74,33	»	»	»	33	»	»	23,50	9,50	9,75	7,25
72,49	7,70	80,19	1,20	1,05	93	38	»	»	»	»	»	»
90,52	5,98	96,50	1,00	1,00	»	35	1,47	»	»	»	»	»

1258. Tableau M. Locomotives-tenders pour

petites lignes et banlieue (voy. n° 1245).

Numéro d'ordre	Constructeurs	Année de la construction	LIGNES DESSERVIES	ROUES motrices Nombre	ROUES motrices Diamètre	ROUES portantes Nombre	ROUES portantes Diamètre	Écartement des roues extrêmes	PISTONS Diamètre	PISTONS Course	Pression dans la chaudière	LUMIÈRES Longueur à l'admission	LUMIÈRES Largeur à l'admission	LUMIÈRES Largeur au départ	TUBES Nombre	TUBES Longueur
					m.		m.	m.	m.	m.	atm.					m.
1	Fairbairn	1854	»	2	1,52	4	1,06	»	250	575	»	»	»	»	68	3,48
2	Hawthorn	»	»	4	1,56	2	1,06	4,10	516	360	»	760	»	»	163	2,85
3	Sitaou	1854	Eastern Counties	4	1,80	4	1,06	4,10	240	585	»	»	»	»	105	3,447
4	Sitaou	1854	»	2	1,67	2	0,91	»	279	280	»	»	»	»	83	3,047
5	Crampton	1849	»	2	1,52	2	1,46	3,05	256	420	7	130	50	»	90	2,76
6	Price	»	Anvers à Gand	2	1,40	4	1,15	5,00	»	440	»	»	»	»	70	4,45
7	Flachat	1852	Auteuil	2	7,00	4	1,00	3,55	230	410	»	260	27	70	95	2,30
8	Flachat	1853	Auteuil	2	1,60	4	1,00	»	560	470	»	170	46	60	156	2,80
9	Cavé	1854	Dôle à Salins	2	1,70	3	1,10	3,36	230	300	8	770	22	70	136	2,68
10	Sinclair	»	Caledonian	2	1,52	6	0,53	3,00	327	380	»	283	17	50	28	3,11
11	Gooch	»	Eastern Counties	1	1,97	4	1,01	1,22	304	353	»	280	27	56	132	2,50
12	Stephenson	»	»	2	1,52	2	0,93	1,10	280	456	»	205	37	54	118	2,81
13	Al. ch. de fer.	1855	Nord	4	1,74	2	1,04	4,72	280	560	7	250	48	78	172	3,40
14	Flachat	»	Auteuil	4	1,60	2	0,95	3,65	480	320	8	420	42	90	140	2,30
15	Gouin	1853	Ouest	4	1,68	2	»	4,00	969	562	7,50	230	45	80	152	3,14
16	Gouin	»	Ouest	4	1,60	2	1,10	4,60	560	560	8	300	45	73	141	3,36
17	Seraing Meyer	1855	Victor-Emmanuel	4	1,20	0	»	2,66	310	600	9	290	40	78	135	3,41
18	Stephenson	1856	»	2	1,60	10	1,30	2,05	254	400	4	185	30	50	160	2,43
19	Cail	1848	Ligne d'Anzin à Denain	3	1,24	0	»	2,00	300	520	5	210	30	39	121	2,96
20	Al. d'Anzin	1851	»	4	1,74	0	»	355	520	6,75	250	35	45	151	2,97	
21	Creusot	1849	Creusot (Service du)	3	1,00	0	»	3,10	440	500	7	250	40	70	181	4,22
22	Peacok	»	Écosse	4	1,37	6	»	2,18	280	500	»	250	56	52	140	3,45
23	Stephenson	»	N. London	4	1,38	4	0,914	3,25	380	550	»	»	»	»	172	2,15
24	Ingland	»	»	4	0,914	0	»	1,82	120	220	»	180	33	49	»	2,68
25	Ingland	»	»	2	1,37	4	0,914	3,18	230	300	»	150	17	50	191	7,94

SURFACE DE CHAUFFE Tubes	SURFACE DE CHAUFFE Foyer	SURFACE DE CHAUFFE Totale	GRILLE Longueur	GRILLE Largeur	Nombre de la grille au premier rang des tubes	CHEMINÉE Diamètre	Hauteur au-dessus de la boîte à fumée	Volume de vapeur dans la chaudière	CHARGE SUR LES ROUES Poids total	CHARGE SUR LES ROUES Avant	CHARGE SUR LES ROUES Milieu	CHARGE SUR LES ROUES Arrière	Contenance DES CAISSES à eau	Contenance DES CAISSES à coke
m. q.	m. q.	m. q.	m.	m.	cent.	m.	lit.	ton.	ton.	ton.	ton.	ton.	litr.	kil.
»	»	44	0,73	0,91	»	»	»	»	»	13	»	»	»	»
»	»	0,88	1,00	»	39	1,70	»	»	»	»	»	»	1238	1520
40,78	5,62	46,42	»	»	42	32	7,50	»	10	5	7	4	1012	»
42,31	3,61	45,92	»	»	»	»	»	»	»	32	12	»	»	»
»	»	0,79	0,812	»	»	»	»	»	»	»	»	»	»	»
»	»	0,70	0,75	»	»	»	»	11	»	»	»	»	»	»
59	6	65	0,95	0,96	83	»	»	23	7	10	»	»	»	»
65	6,58	71,50	1,10	0,95	50	»	»	34	7	13	7	»	»	»
42,78	4,80	50,13	1,00	0,95	70	33	1,82	525	»	»	»	»	»	»
34	3,82	37,82	0,70	1,016	43	25	1,92	»	»	»	»	»	1350	385
46,3	1,87	48,20	0,98	0,96	61	90	1,92	»	34,75	8,25	9	7,50	1911	»
36	»	79,88	1,00	»	30	0,98	»	13	4,20	6	6,0	»	»	»
65,90	70,95	74,82	0,99	0,918	71	22	1,83	1460	71,6	7,8	11	13	3500	1000
466	6,00	79,80	4,06	0,93	69	»	»	»	32	12	12	8	»	»
»	»	1,06	1,01	92	40	»	»	»	»	»	»	»	»	»
»	»	7,15	1,03	76	41	1,85	»	28,3	11,3	12	3,5	2500	»	
77,8	49,97	79,39	1,81	1,07	»	33	»	»	24	12	»	12	3500	2000
23,34	7,30	30,64	1,05	0,38	71	35	2,00	»	23	»	440	5,00	7161	1050
43,68	4,30	48,20	0,945	0,85	50	31	1,92	337	12,75	»	»	»	2806	1345
37,78	47,87	59,24	1,200	0,75	63	22	1,612	945	25,00	Également réparti.			3900	2500
111,15	7,95	119,19	1,286	0,288	61	44	1,91	»	37,10	»	»	»	4580	1300
72,0	5,05	77,06	0,95	1,00	63	33	1,97	»	35,00	10	»	15	1943	»
55,90	5,98	55,88	1,04	0,814	»	35	1,12	»	»	»	»	»	4382	720
33,90	2,05	35,95	0,64	0,83	47	22	1,45	»	»	»	»	»	636	»
83,90	2,05	35,05	0,64	0,83	47	22	1,45	»	»	»	»	»	1470	»

1259. Tableau N des locomotives

exceptionnelles (voy, nº 1246).

Numéros d'ordre	CONSTRUCTEURS	Année de la construction	LIGNES desservies	ROUES motrices Nombre	Diamètre	ROUES porteuses Nombre	Diamètre	Écartement des rails extérieurs	PISTONS Nombre	Diamètre	Course	Pression dans la chambre	LUMIÈRES Largeur	Fuite	Sortie
1	Brunel et Gooch..	1850	Great-Western..	2	2,44	6	1,219	6,44	2	450	600	8,5	325	50	»
2	Id..	1850	Id..	4	1,82	4	1,06	4,85	2	425	600	»	218	63	52
3	Id..	»	Id..	6	1,52	»	»	»	2	400	600	»	»	»	»
4	Thwethick..	1848	North-Western.	2	2,60	6	»	6,09	2	450	516	8,5	»	»	»
5	Crampton-Nery..	1850	Id..	2	2,44	6	1,219	5,30	2	450	610	8,5	»	»	»
6	Flachat..	1840	Saint-Germain.	4	1,21	»	»	3,72	2	450	500	6,0	310	45	100
7	Verpilleux..	1852	Saint-Étienne..	8	1,22	»	»	1,72 1,72	4	200 270	750	»	139 100	31 22	40
8	Maffei..	1861	Semmering..	14	1,10	»	»	11,36	2	508	782	9,0	»	»	»
9	Seraing..	1851	Id..	16	1,08	»	»	»	4	400	570	»	»	»	»
10	Gunthers..	1851	Id..	8	0,94	»	»	7,00	4	236	620	»	»	»	»
11	Meyer (Mulhouse).	1844	Nord autrichien.	2	1,264	6	0,76	»	4	420	620	»	230	40	»
12	Gauthier (Namur)	1855	Autriche, service du carrière.	4	0,91	2	0,65	»	2	300	505	6,5	»	»	»
13	Dampf..	1850	Amérique..	4	1,52	»	»	»	2	350	550	»	»	»	»
14	Milhollond..	1852	Id..	2	2,13	6	»	»	2	356	152	7,0	»	»	»
15	Mac Cornell..	1855	Nord français.	2	2,13	4	1,70 1,304	4,89	2	386	560	7,0	»	»	»
16	Blavier-Larpent.	1855	Ouest..	4	2,85	2	1,25	4,88	2	450	500	7,0	»	»	»
17	Arnoux-Meyer..	1855	Orsay..	4	1,50	4	1,10	5,03	4	250 280	500 500	8,0	»	»	»
18	Stephenson..	1855	Berwick..	2	2,02	4	1,22	5,10	2	450 250	150 310	»	370 170	»	»
19	Seraing (Engerth).	1854	Semmering..	8	1,10	4	1,05	6,014	2	470	690	8,0	»	»	»
20	Kessler (Engerth).	1856	Midi français..	6	1,31	4	1,00	7,02	2	456	640	8,0	315	45	95
21	Seraing (Engerth).	1855	Nord..	8	1,20	4	1,07	8,41	2	500	660	8,0	340	40	»
22	Creusot (Engerth).	1855	Lyon..	4	1,30	4	1,00	5,07	2	450	560	8,0	»	»	»
23	Id..	1850	Est et Nord..	4	1,364	4	1,07	9,50	2	500	660	8,0	»	»	»
24	Cavé (Engerth)..	1855	Nord..	4	1,74	6	1,050	8,05	2	420	560	8,0	198	31	85
25	Petiet-Nixon..	1843	Nord (rampes)..	4	1,06	0	0	5,33	4	380	440	»	208	36	76
26	Beugot..	1850	Apennins..	8	1,20	0	0	3,95	2	540	560	7,0	»	»	»
27	Roy..	1840	»	8	1,24	0	0	»	2	440	600	8,0	»	»	»
28	Mason..	1857	Amérique..	4	1,68	4	0,76	»	2	380	550	»	»	21	70
29	Petiet-Nixon..	1861	Nord (rampes).	8	1,08	0	0	3,80	2	430	450	8,0	»	»	»
30	Gouin..	1861	Nord..	12	1,06	0	0	6,00	4	420	440	9,0	»	»	»

TUBES Nombre	Longueur	Surfaces de chauffe Tubes	Foyer	Totale	GRILLE Longueur	Largeur	Surface	Hauteur au-dessus du sol	CHEMINÉE Diamètre	CHAMBRE de vapeur	POIDS total	sur les roues avant	milieu	arrière
305	3,50	183,50	14,50	175,00	»	»	58	»	»		6,604 8,604	11,074	7,264	
209	2,30	»	»	»	1,25	1,42	43	1,74	»	25,00	»	»	»	
218	»	105,10	11,50	117,20	»	»	»	»	»		8,28	8,55	8,23	
»	2,80 2,80	»	»	94,00	»	»	»	»	»	27,80	»	»	»	
297	3,80	144,00	»	208,50	»	»	»	»	»	57,00	»	»	»	
120	4,115	73,80	5,89	79,70	1,60	0,95	55	37	3,50	1416	»	»	»	
153	3,10	»	»	42,00	1,00	1,00	70	37	1,25	26,00	»	»	»	
239	4,55	»	»	187,00	»	»	»	»	»	49,00	11,95 11,25	13,95 13,36		
340	3,36	»	»	»	1,08	0,70	68	»	»	36,00	»	»	»	
190	6,30	»	»	175,00	»	»	»	»	»	51,70	13,02 12,02	12,90 12,90		
135	3,80	71,71	5,52	77,23	»	55	46	2,20	20,57	»	»	»		
79	5,15	40,60	4,06	44,96	0,91	0,91	55	30	1,95	»	10,21	5,20	»	5,00
99	3,90	61,70	15,00	76,70	1,30	0,50	»	»	»	24,00	»	»	»	
204	1,96	62,32	15,64	79,70	1,55	»	34	»	»	»	»	»	»	
414	1,83	68,00	14,50	83,00	»	»	»	3,45	»	22,00	8,30	9,00	4,30	
195	3,63	102,00	10,24	112,24	»	»	45	3,50	2385	35,00	7,00	14,50	14,50	
124	3,30	65,56	5,13	71,50	»	»	»	»	»	40,00	8,00	12,00 12,00	8,00	
170	5,37	80,75	6,48	87,23	1,13	1,03	»	34	1,52	»	27,00	9,00	12,00	6,00
187	4,74	155,00	6,47	161,47	1,25	0,95	45	46	2,10	»	56,00	»	»	»
191	4,75	144,00	9,75	154,00	1,05	1,08	»	41	1,60	2035	57,50	12,50	12,50 12,59	10,00 10,00
294	5,045	186,00	10,35	195,00	1,415	1,37	42	1,28	2450	64,00	»	»	»	
203	4,75	151,32	9,75	161,06	1,05	1,10	80	»	2100	63,00	12,00 12,00	6,50 8,50		
204	5,04	184,05	10,35	195,00	1,11	1,37	»	»	2450	49,30 10,10	9,70 8,90	11,00		
180	4,34	»	»	120,00	1,26	1,03	80	40	1,50	1404	11,60	11,60	»	
269	3,10	117,00	6,68	123,68	1,40	1,06	45	40	1,35	1645	37,50	9,37	9,375 9,375	9,375
292	4,80	163,86	9,40	173,00	1,76	1,53	»	56	1,70	2584	47,31	11,80	12,00 11,80	11,80
125	5,82	107,10	6,35	113,30	1,30	1,03	»	42	1,65	1010	44,74 16,70	11,04 10,90	17,14	
136	5,50	68,64	7,06	74,20	1,37	0,96	76	48	1,52	»	»	»	»	
356	3,10	144,70	10,00	154,53	1,47	1,71	46	»	»	1230	49,30	16,05	10,57 10,57	10,30
454	2,90	159,00	10,0	169,00	1,35	1,80	55	»	»	1217	35,50	»	»	»

1240. Tableau O comparatif de diverses locomotives pour le service des gares.

Numéros d'ordre	CONSTRUCTEURS	Année de la construction	LIGNES DESSERVIES	ROUES			PISTONS		Pression de la vapeur de la chaudière	LUMIÈRES			TUBES			SURFACE DE CHAUFFE		
				Nombre	Diamètre	Écartement des essieux extrêmes	Diamètre	Course		Longueur	Largeur Entrée, Sortie	Largeur	Nombre	Longueur	Diamètre intérieur	Tubes	Foyer	Totale
					m.	m.	m.	m.	atm.	m.	m.	m.		m.	m.	m.q.	m.q.	m.q.
1	Kœchlin	1847	Nord	6	1,06	2,60	0,40	0,46	7,00	0,30	0,043	0,075	123	3,15	0,046	54,04	5,057	63,10
2	Gouin	1855	Id.	6	1,06	2,58	0,40	0,46	»	0,30	0,043	0,075	125	3,05	0,046	52,90	4,09	57,80
3	Régnier-Poncelet	1855	Id.	6	1,06	2,60	0,38	0,56	7,00	»	»	»	119	»	0,046	»	»	»
4	Kœchlin	1854	Est	6	1,06	2,60	0,40	0,46	7,00	»	»	»	134	3,12	0,046	55,44	4,12	59,56
5	Atelier de la Cie	1856	Id.	6	1,06	2,60	0,40	0,46	7,00	»	0,035	»	137	3,36	0,046	»	»	»
6	Poinceau	1853	Orléans	4	1,05	2,60	0,40	0,46	7,00	»	»	»	139	3,16	0,046	64,19	5,14	69,33
7	Gouin	1856	Midi	4	1,20	2,40	0,40	0,46	7,00	0,20	»	»	125	3,08	0,043	»	»	»
8	Creusot	1859	Usine	6	1,00	2,70	0,33	0,44	8,00	0,25	0,030	0,060	116	3,32	0,046	55,70	4,75	60,45

Suite du tableau N.

Numéros d'ordre	CONSTRUCTEURS	Année de la construction	LIGNES DESSERVIES	GRILLE		CHEMINÉE			Longueur de la machine	POIDS				CONTENANCE DES CAISSES	
				Longueur	Largeur	Hauteur sous le premier rang de tubes	Diamètre	Hauteur		SUR LES ROUES			Total	à eau	à coke
										Avant	Milieu	Arrière			
				m.	m.	m.	m.	m.	m.	ton.	ton.	ton.	ton.	lit.	lit.
1	Kœchlin	1847	Nord	0,86	0,96	0,65	0,35	1,75	5,30	5,90	8,30	8,10	22,20	»	»
2	Gouin	1855	Id.	0,88	0,90	0,55	0,44	1,75	»	»	»	»	»	»	»
3	Régnier-Poncelet	1855	Id.	0,90	0,04	»	»	1,04	4,50	11,24	8,35	12,02	23,36	1500	»
4	Kœchlin	1854	Est	0,97	0,02	»	0,35	»	7,18	7,76	»	8,23	24,35	3300	»
5	Atelier de la Cie	1856	Id.	0,92	0,92	0,59	»	1,98	»	»	»	»	»	»	»
6	Poinceau	1853	Orléans	0,92	0,92	0,62	0,35	1,98	»	»	»	»	»	»	»
7	Gouin	1856	Midi	0,90	0,92	»	0,40	2,05	0,50	»	»	»	28,00	2711	2600
8	Creusot	1860	Usine	0,83	0,84	0,76	0,35	2,05	»	»	»	»	23,05	3000	1000

II. Renseignements additionnels sur les machines des tableaux précédents.

1241. ADDITIONS AU TABLEAU I DES LOCOMOTIVES A VOYAGEURS.

N° 1. — Une des premières locomotives de ce type qui aient fait un long service en France : chaudière à dôme pyramidal (fig. 46), châssis triple, c'est-à-dire avec longeron extérieur et intérieur par rapport aux roues, et en outre, au milieu, il y a un longeron en V. Cette machine, portant le nom de *Vesta*, est décrite dans tous les ouvrages qui ont traité des premières locomotives ; elle n'a presque pas été modifiée.

N° 2. — Longeron intérieur et châssis simple, chaudière à boîte à feu pyramidale (fig. 46), à longs tubes, les trois paires de roues entre le foyer et la boîte à fumée (fig. 40), cylindres extérieurs. Les pompes et la distribution à coulisse (non variable) entre les longerons : très-bon service.

N° 3. — Système dit *Crampton à axe libre*, exposé à Londres en 1851, décrit dans Clarke (*Treatise on railway*).

N° 4. — Chaudière à foyer concentrique au corps tubé (fig. 5), mécanisme intérieur, châssis à doubles longerons (fig. 42), retour complet au type primitif de l'auteur. Exposée à Paris en 1855 ; excellent service.

N° 5. — Rappelle le type français de M. Polonceau (voir n° 32), avec mécanisme en dehors des longerons, qui eux-mêmes sont en dehors des roues. Voir D. Clarke, *Treatise on railway*.

N° 7. — Une des premières machines construites en France, sur des études françaises. Elle reçut ensuite de plus grands cylindres (0^m,38), et les premières applications de détente Clapeyron ; une des six machines de ce type, dite *la Gironde*, a servi à de célèbres expériences, par MM. Gouin et Lechatellier. Voir *Armengaud*, t. III et V.

8° Ancienne machine à six roues, à cylindres et pompe extérieure, chaudière de Stephenson à dôme pyramidal, étudiée et exécutée aux ateliers de Perrache (Lyon), sous la direction de M. Tourasse.

Nº 9. — Ancienne locomotive faisant un bon service en Angleterre, mais sur laquelle nous n'avons pu recueillir aucune particularité. La distribution se faisait sans coulisses, par un mouvement pris sur la bielle motrice, qu'on trouve décrit dans la première édition du *Guide du mécanicien*, par Flachat et Petiet, et dans le *Treatise on railway* de Clarke. Le chemin de fer de Versailles (rive gauche) a eu quelques-unes de ces machines.

Nº 10. — Locomotive à grandes roues, mécanisme intérieur très-bien agencé et très-simple, avec distribution à excentrique et *pieds de biche*, longerons extérieurs. Cette machine est une des premières qu'il y ait eu sur la section de Paris à Corbeil.

Nº 11. — Locomotive exposée à Londres, en 1851 ; longerons extérieurs, mécanisme intérieur avec de nombreuses particularités, décrites en leur temps, notamment la coulisse de forme spéciale non généralisée, et la suspension sur les ressorts avec l'intermédiaire de leviers répartiteurs dits balanciers.

Nº 12. — Mécanisme intérieur, distribution à *pieds de biche*, longerons principaux extérieurs, ayant la forme contournée qui a longtemps caractérisé les machines célèbres de Sharp ; type excellent et très-généralement employé à cette époque.

Nº 13. — Même type que ci-dessus.

Nº 14. — Machine à mouvement et longerons, comme dans les deux précédentes, mais caractérisée par sa longue chaudière, son petit diamètre de roues motrices et ses longerons extérieurs, entièrement en fer. Nous n'avons connu qu'un très-petit nombre de machines de ce type.

Nº 15. — Retour du constructeur à son type classique du nº 13, avec des dimensions plus grandes : excellent service.

Nº 16. — Système tout particulier dans sa forme et très-léger, où l'on remarque notamment les châssis composés de pièces en fer carré, forgées et réunies par soudure. On voit ce châssis, au moins pour machines à quatre roues, dans tous les ouvrages descriptifs, relatifs aux premières locomotives, notamment dans Clarke, Julien et Bataille, le *Guide du mécanicien*, de Flachat et Petiet, 1re édition. C'est ce type qui fut exclusivement employé longtemps sur le *Great jonction railway*. La chaudière produisait remarquablement.

Nº 17. — Machine à longerons extérieurs et mouvement intérieur, type élégant, décrite au *Traité des machines à vapeur* de
Julien et Bataille. Planche 25, 1ʳᵉ édition.

Nº 18. — Mécanisme intérieur, longerons extérieurs. Voir la
description dans Clarke.

Nº 20. — Mécanisme intérieur et longerons extérieurs. Machine
exposée en 1855, au concours universel de Paris.

Nº 21. — Même observation ; distribution d'un système particulier, avec détente.

Nº 22. — Machine (fig. 40) étudiée par M. Edwards, et l'un des
meilleurs ouvrages de la maison Cail, sous le rapport de la par-
faite construction ; elle fait encore un très-bon service, sans avoir
subi aucune modification importante ; la chambre de vapeur est
un peu trop petite. Quoique les roues d'arrière soient en avant
du foyer, la répartition de la charge n'est pas mauvaise. Les
dimensions détaillées de cette machine se trouvent dans le *Guide
du mécanicien*, édition de 1851 et 1859.

Il a été construit par M. Cavé, en 1848, au milieu des troubles
d'ateliers d'alors, une série de machines à peu près semblables,
sauf que les pompes furent reportées en dehors et à grand plon-
geur, directement mu par la crosse du piston. Ayant subi quelque
rectifications, elles sont devenues d'un excellent service, où l'on a
constaté la puissante de traction, l'économie de combustible et la
franchise d'allure ; mais elles priment très-facilement. Sur plusieurs
d'entre elles, le ciel du foyer a été rabaissé de 0ᵐ,05, et le nombre
des tubes diminué de quinze. Malgré cette réduction de surface
de chauffe, qui a conduit à marcher avec plus d'eau et un plus
grand volume de vapeur, le service a été beaucoup amélioré.

Nº 23. — Type étudié par M. Alexis Barrault ; même système
que le précédent, sauf le report des roues en arrière du foyer et
du dôme de vapeur sur la boîte à feu. Formes très-élégantes et
service excellent, qui dure encore, sans modifications. Cependant
la chambre de vapeur est trop petite et la machine prime facilement. Construction très-remarquable.

Nº 24. — Rappelle le type précédent dans ses principales dispositions. Cette machine, la dernière à voyageurs, proprement dite,
à roues indépendantes, qui ait été construite en France, a été un

des beaux ouvrages de l'Exposition universelle de Paris, en 1855.
— Voir description et détail des dimensions dans le *Guide*, édition de 1859.

N° 25. — Châssis double, très-solide, longerons principaux extérieurs, portant les cylindres et pompes; son très-petit foyer a été fait en vue de consommer exclusivement du coke de première qualité. Type remarquable de légèreté, unie à la puissance (elle remorque carrément 14 à 15 voitures); elle, est décrite et très-détaillée au *Guide du mécanicien* (les deux éditions).

N° 26. — Chaudière à dôme pyramidal de Stephenson (fig. 46), longerons intérieurs, cylindres et pompes extérieurs, distribution avec détente par tiroir superposé : un des bons ouvrages du constructeur.

N° 27. — Même disposition que ci-dessus; à part la chaudière, qui a son foyer et sa boîte à fumée concentrique au corps tubé et saillant, avec dôme au milieu du corps tubé, roues d'arrière reportées en arrière du foyer. Bon type, étudié par M. Forquenot, dimensions détaillées au *Guide du mécanicien* (édition de 1851).

N° 28. — Ancienne machine du chemin de fer d'Alsace, reproduisant à peu près le type classique de Sharp. Voir n° 13 ci-dessus.

N° 29. — Même observation.

N° 30. — Mécanisme intérieur, premier emploi de larges plateformes de circuit, avec main courante, pour visiter le mouvement en marche. Cette machine, nommée *la Dorade*, et une autre semblable, dite *la Gauloise*, se distinguèrent à l'origine, par beaucoup de dispositions nouvelles qu'on changea pour leur préférer les agencements anglais d'alors. On les trouve détaillées dans les premiers ouvrages descriptifs sur les chemins de fer français. Elles firent un très-bon service, se distinguèrent par leur puissance, leur allure franche, et prouvèrent leur solidité dans divers accidents graves, d'où elles sortirent singulièrement peu avariées.

N° 31. — Ces machines rappellent celles du n° 27; elles furent étudiées par M. Edwards, pour faire un service rapide de trains légers, avec du coke de qualité inférieure, ce qui explique la grande dimension du foyer. Elles n'ont jamais fait que le service ordinaire, comme les machines du n° 22. Lorsque le coke est de bonne qualité, les soupapes crachent presque sans cesse, à moins qu'on ne rafraîchisse le foyer ; avec leurs petits cylindres, elles sont réduites à n'employer qu'une faible détente. Nous aurions dû, peut-être, classer cette machine parmi celles à grande vitesse.

N⁰ 32. — Voir le numéro ci-après.

N⁰ 33. — Type à mouvement et longerons extérieurs, publié partout. Voir au *Guide du mécanicien*, colonne 6, page 398 (édition de 1859). Voir aussi ci-dessus n° 5.

N⁰ 34. — Cylindres extérieurs, longerons et mécanisme intérieurs. Voir Clarke, *Treatise on railway*.

N⁰ 35. — Locomotive de formes élégantes, recommandée par D. Clarke, pour son bon service; type de chaudière de la figure 45; double châssis (fig. 42), très-bien entretoisée et très-solide; mouvement intérieur.

N⁰ 36. — Chaudière de la figure 45, sans dôme, bouilleur plat dans le milieu transversal de la boîte à feu, s'élève à la hauteur moyenne de 0ᵐ,76. Mécanisme intérieur incliné de 1/10 au-dessus des roues d'avant. Châssis double (fig. 42). Celui de l'intérieur est en tôle. Celui de l'extérieur est en bois entre deux tôles. Les roues sont disposées comme en la figure 45. La cheminée est évasée, ayant 12 pouces en bas et 14 pouces en haut. Voir la description et le dessin de cette belle machine dans D. Clarke, au supplément.

1242. ADDITIONS AU TABLEAU J DES LOCOMOTIVES A GRANDE VITESSE.

N⁰ 1. — Système Crampton complet (fig. 43). Stabilité et solidité remarquables, prouvées dans des collisions formidables, d'où la machine est sortie presque sans avaries, à de nombreuses reprises : grande franchise d'allure ; service très-commode. Ces machines développent un travail énorme. Elles ont remorqué sous nos yeux jusqu'à 14 voitures pleines et sur parcours accidenté de rampes de 5 millimètres, à des vitesses moyennes de 70 à 80 kilomètres, sans trop excéder la consommation normale. Description dans le *Guide du mécanicien* ; id., dans Clarke, *Treatise on railway* ; id., dans le *Recueil des machines d'Armengaud*, t. VII.

Nº 2. — Même machine, mais modifiée dans le détail.

Nº 3. — Ne diffère essentiellement des précédentes et des suivantes que par le grand diamètre des roues motrices et le bouilleur en lame d'eau longitudinale, qui depuis a été supprimé.

Nº 5. — Système dit Crampton à axe libre, mécanisme intérieur donnant le mouvement à un essieu coudé qui porte à ses extrémités des bielles de connexion commandant les roues motrices. Celles-ci sont placées derrière le foyer ; les petites roues sont en avant-train fixe, avec ressorts communs ; belle exécution. Cette machine a été exposée à Londres en 1851.

Nº 6. — Système Crampton, comme le nº 1 ; grand foyer avec bouilleur comme au nº 4.

Nº 7. — Comme le nº 5 ; foyer avec bouilleur.

Nº 8. Disposition de mécanisme ordinaire avec cylindres et longerons extérieurs, ayant du rapport avec notre type français de Buddicom.

Nº 9. — Type ordinaire de Stephenson à longerons intérieurs, cylindres extérieurs, roues en arrière du foyer ; chaudière avec boîte à feu pyramidale très-compliquée d'armatures ; manque un peu de stabilité ; pièces d'acier fondu, petites surfaces de frottement, admirable fini d'exécution. Grande médaille à l'Exposition de Paris, en 1855.

Nº 10. — Comme le nº 9, mais avec chaudière de la figure 47.

Nº 11. — Système Crampton, mais à châssis simple extérieur, l'un des premiers qui aient été découpés d'une seule pièce. Exposée à Paris en 1855, très-belle exécution et élégance de forme.

Nº 12. — Mécanisme de Crampton, mais avec un seul châssis, comme la précédente. Les quatre petites roues sont en avant-train mobile, comme dans la figure 46 ; chaudière de Kœsler, voir nº 212.

Nº 13. — Type ordinaire, avec roues motrices au milieu (fig. 42), cylindres et pompes extérieurs, châssis et distribution intérieurs. Chaudière du système Crampton, figure 2. Ce type, étudié dans son ensemble par M. Tourneux, et en détail par MM. Charbonnier et Albaret, pour la ligne de Blesme à Gray, n'a guère été employé sur la ligne de l'Est que comme machine à voyageurs ordinaire.

Nº 14. — Même machine que celle du nº 32 au tableau précédent, sauf les dimensions. Bon service pour vitesse moyenne de 60 kilomètres à l'heure.

Nᵒ 15. — Chaudière du type Crampton, roues disposées comme en la figure 42; longerons intérieurs, mécanisme complétement extérieur avec excentrique sur manivelle en porte-à-faux, comme dans le système Crampton. Primitivement ces machines portaient leur coke et leur eau dans de grandes caisses, à l'arrière du foyer. Ces caisses, qui chargeaient trop les roues, ont été enlevées, on a attelé un tender ordinaire et on a lesté les roues d'arrière avec des blocs de fonte ou une caisse de ferraille mise sous la plate-forme du mécanicien. Le service des machines ainsi disposé est excellent, mais le type n'est pas élégant.

Nᵒ 16. — Machine Crampton à 4 paires de roues, celles motrices étant en arrière, les cylindres, le mécanisme et les pompes sont inclinés au-dessus de l'horizontal. Primitivement ces machines (qui n'ont pas été reproduites) portaient les provisions et constituaient des *machines-tenders*; on a supprimé les caisses et on a attelé un tender ordinaire. Récemment, on leur a superposé, sur la chaudière, un corps tubé qui sert à la fois de réservoir de vapeur et de sécheur (Voir *Séance de la Société des ingénieurs civils de Paris*, 1860).

Nᵒ 17. — Système admis par M. Buddicom (voir, pour la disposition des roues, fig. 42; pour le type de chaudière, fig. 47, en ajoutant un dôme sur le foyer, et pour la description détaillée le *Guide du mécanicien*). Double châssis très-solide, cylindres, pompes et tiroirs extérieurs, excentriques et coulisses intérieurs; type remarquable de très-petite et très-légère machine, traînant avec une rondeur remarquable une dixaine de voitures, à la vitesse moyenne de 60 kilomètres avec du coke de choix. La machine est une espèce de machine-tender, portant son combustible, son outillage et une petite caisse à eau sous les pieds du mécanicien; mais elle est suivie d'un *fourgon-tender* qui a sous lui une caisse à eau de 7000 litres.

Nᵒ 18. — Construite sur les plans de M. Sturock, ingénieur du Great-Northen railway; expression du retour aux anciens types; cylindres intérieurs, châssis extérieur en bois, entre deux plaques de tôle, chaudière Stephenson (fig. 5), avec dôme près de la cheminée ; grand foyer divisé en deux par un bouilleur longitudinal comme au n° 3. Les roues sont comme à la figure 42. Il y a en France, au chemin de fer du Nord, une de ces machines.

N° 19.—Machine-tender à 8 roues, dont 4 (celles du milieu) sont couplées avec balancier pour répartir également la charge. Les roues d'avant sont comme à l'ordinaire en arrière des cylindres, et les autres roues sont en arrière du foyer ; les caisses à eau sont latérales au-dessus du tablier et contiennent 3 tonnes d'eau; la soute contient 1500 kilogrammes de coke. La machine a été calculée pour remorquer en plaine 240 tonnes, machine comprise, à la vitesse de 72 kilomètres. Le *Civil Engineers' journal* de 1861 donne un dessin et une description de cette machine.

N° 20. — Petite locomotive pour lignes à faibles rampes, forme Crampton, avec roues motrices en avant du foyer; cylindres extérieurs entre les roues d'avant et les roues du milieu ; le reste du mécanisme est intérieur. Châssis simple et intérieur ; type de chaudière de la figure 45, avec dôme près de la cheminée. Voir la description dans le supplément de D.-K. Clarke.

N° 21. — Nouvelle machine des trains express des lignes russes ; 8 roues, dont 4 couplées au milieu avec suspension commune. Roues extrêmes de support, les unes sous le foyer, les autres en arrière des cylindres, qui sont placés comme dans le type ordinaire, à l'avant de la machine, double châssis en tôle découpé, le châssis intérieur porte les boîtes à graisse des roues couplées, le châssis extérieur porte les boîtes à graisse des roues extrêmes de support ; mécanisme ordinaire, cylindres entre les longerons extérieurs et intérieurs et solidement fixés, à la manière de Crampton, mais à l'avant de la machine; distribution intérieure ; formes générales, élégantes et symétriques.

1243. ADDITIONS AU TABLEAU K DES LOCOMOTIVES A MARCHANDISES.

N° 1. — Cette machine, rappelant le type du *Mahmouth* ci-après, avait des roues de fonte sur lesquelles les cercles étaient fixés tout autour avec des coins de bois.

Nº 2. — Type célèbre, dit du *Mahmouth*, à cylindres, mécanisme et châssis simple placés intérieurement entre les roues, qui sont elles-mêmes sous le corps cylindrique, comme à la figure 49. — Voir description très-détaillée dans les deux éditions du *Guide du mécanicien*, et le *Treatise on railway* de Clarke.

Nº 3. — Ancienne machine à quatre roues couplées, affectée exclusivement au transport des marchandises, comme expression de la tendance d'alors à repousser l'accouplement de six roues.

Nºs 4 à 7. — Type du *Mahmouth* dans tout l'agencement mécanique.

Nº 8. — Très-puissante machine à cylindres extérieurs, longerons et distribution entre les roues; trop lourde, mais a été depuis allégée dans le détail; un peu modifiée; elle fait un très-bon service courant sur des lignes où les rampes dépassent parfois 10 millimètres.

Nº 9. — Type du *Mahmouth* dans les dispositions principales, machine étudiée par M. Forquenot.

Nº 10. — Type du *Mahmouth*.

Nº 11. — Puissante machine à cylindres extérieurs, châssis simple, distribution et pompes entre les roues.

Nº 12. — Ancienne machine du chemin de fer d'Alsace, cylindres extérieurs. — Voir l'observation du numéro 3 ci-dessus.

Nº 13. — Très-grosse machine du type *Mahmouth*, sauf les pompes qui sont extérieures, construite en vue de très-lourds trains de houille, à l'époque où les *Engerth* n'étaient pas encore admises. Ces machines, qui font maintenant le transport courant, pèsent trop sur la voie. On a déchargé les quatre roues antérieures en intercalant une nouvelle paire de petites roues, sorte de galets ayant 0ᵐ,70 de diamètre : très-belle exécution.

Nº 14. — Cylindres et longerons extérieurs, roues d'arrière reportées en dehors du foyer, sous les pieds du mécanicien, peu adhérentes et assez souvent découplées. Bon service d'embranchement avec rampe.

Nº 15. — Machine à quatre roues, mécanisme et châssis extérieurs. Ce châssis est en fer forgé du système Bury. — Voir, dans le *Traité de Julien et Bataille*, planche 15, 1ʳᵉ section, le dessin de cette machine très-curieuse, qui a fait un excellent service et avait, pour ses dimensions, une puissance remarquable de vaporisation et de traction.

N°ˢ 16 et 17. — Pas de renseignements.

N° 18. — Cylindres, mécanisme et châssis simple intérieurs entre les roues, chaudière à dôme pyramidal, figure 46; très-petites roues, très-grande puissance relativement à ses dimensions, mais patine facilement et est peu stable; les contre-poids adaptés par M. Lechatellier, principalement en vue de cette machine, l'ont beaucoup améliorée à ce point de vue.

N° 19. — Machine à quatre roues couplées (Voir observation du n° 3 ci-dessus). Première machine du système Polonceau à cylindres intérieurs, triple châssis (fig. 42); mécanisme, distribution et pompes extérieurs. — Voir *Guide du mécanicien*, édition de 1851.

N°ˢ 20 et 21. — Même disposition de mécanisme, mais sur machine à six roues. — Voir *Guide du mécanicien*, édition de 1859.

N° 22. — Longerons extérieurs. Cylindres et mécanisme intérieurs.

N°ˢ 23 et 24. — Même disposition. Foyer à bouilleur.

N° 25. — Pas de renseignements.

N° 26. — Machine à huit roues couplées renfermant beaucoup de dispositions particulières très-intéressantes à étudier, a été exposée à Paris en 1855; a fait ensuite un excellent service au ballastage de la ligne du Midi. — Voir la notice très-complète, publiée par nous au *Bulletin de la Société d'encouragement*, série 2, t. IV, p. 621.

N° 27. — Type de grosse machine à marchandises, à mouvement extérieur, pour service courant, connu en France sous le nom de *type des Ardennes*, l'un des meilleurs qu'on ait employés pour le service courant d'une grande ligne.

N°ˢ 28 et 29. — Pas de renseignements.

N° 30. — Cylindres et mécanisme intérieurs, double châssis; les roues d'arrière sont sous les pieds du mécanicien, en arrière du foyer.

N° 31. — Chaudière de la figure 45, avec gros dôme au milieu du corps cylindrique; cylindres et pompes extérieurs, châssis et distribution intérieurs, suspension particulière, dite à osselets, à étudier sur place.

N° 32. — Petite machine pour le service de la ligne de Rio-Janeiro ; mécanisme extérieur, type du *Mahmouth* (n° 2 ci-dessus) ; chaudière du type Crampton (fig. 42), avec dôme au milieu.

N° 33. — Grosse machine, très-élégante, construite récemment par Peacok et Beyer, de Manchester ; chaudière de la figure 47, avec dôme au-dessus du foyer. Mouvement et châssis intérieurs du *Mahmouth* (n° 2 ci-dessus) ; mais la troisième paire de roues est derrière le foyer, avec ressorts à volute.

N° 34. — Elégante machine bien agencée ; chaudière de la figure 47, avec dôme au milieu ; mécanisme et châssis intérieurs selon le type du *Mahmouth* (n° 2 ci-dessus) ; ressorts à volute pour la suspension ; la troisième paire de roues couplées est en arrière du foyer.

N° 35. — Immense machine ordinaire à huit roues couplées, toutes sous le corps cylindrique ; foyer Tembrink en porte-à-faux ; mécanisme tout extérieur du type Engerth ; la suspension est commune à deux paires de roues ; chaudière du type Crampton, avec gros dôme à l'avant ; châssis simple intérieur ; attache d'attelage en avant du foyer ; la machine vide pèse 39 tonnes et demie.

N° 36. — Belle machine pour la large voie du Great-Western ; mais pourrait très-bien être établie pour la voie ordinaire ; les trois premières paires de roues sont, comme à l'ordinaire, sous le corps cylindrique ; la quatrième est sous le milieu du foyer, grâce à l'inclinaison de la grille ; chaudière de la forme Crampton, à très-long foyer ordinaire, avec bouilleur en lame d'eau ; cylindres extérieurs ; longerons et distribution intérieurs.

1244. Additions au tableau L des machines mixtes.

N° 1. — Mécanisme et longerons intérieurs ; cylindres extérieurs.

N° 2 — Chaudière Crampton (fig. 43) avec dôme sur le corps cylindrique près de la boîte à feu, très-beau type exposé à Paris en 1855 ; cylindres, longerons et mécanisme intérieurs ; toutes les roues sous le corps tubé ; roues d'avant libres ; distribution avec détente spéciale ; disposition particulière pour la pose du cylindre, à étudier.

N° 3. — Mouvement et châssis intérieurs ; chaudière avec boîte à feu pyramidale (fig. 46).

N° 4. — Type célèbre, dit *le Rhône*, rappelant un modèle de Sharp et l'un des meilleurs ouvrages de la maison Gouin. — Voir la description détaillée dans le *Guide du mécanicien* (les deux éditions). Mécanisme et châssis intérieurs ; chaudière de la figure 4, mais avec dôme près de la cheminée ; disposition des roues comme en la figure 55.

N° 6. — Locomotive à petite chaudière avec boîte à feu pyramidale de Stephenson, construite à l'origine du chemin de fer de Chartres ; crache avec facilité, mais bonne machine en somme, douée d'une forte puissance de traction ; un des bons ouvrages de la maison Cavé.

N° 7. — Construite par Egestorff, à Hanovre, belle machine très-soignée, exposée à Paris en 1855. — Voir les descriptions sur l'Exposition.

N° 8. — Construite sur les plans d'ensemble de M. Edwards ; excellent type, exécuté avec une perfection rare ; les six roues sous le corps tubé (fig. 41) ; celles d'avant libres ; chaudière du système Crampton (fig. 43).

N° 9. — Petite machine à grande vitesse ; mécanisme et longerons intérieurs.

N°s 10 et 11. — Absence de renseignements.

N° 12. — Bonne et puissante machine rappelant un type de M. Polonceau ; chaudière de la figure 47 ; cylindres extérieurs.

N° 13. — Grosse machine appartenant au type du *Rhône* ci-dessus dans les dispositions fondamentales, et faisant le service des voyageurs pour les lourds trains de banlieue et sur les sections à fortes rampes de la ligne dans le courant du service ; tout le mouvement est intérieur ; les roues libres sont en arrière du foyer. Ces machines fonctionnent très-bien en brûlant la houille. Quelques-unes ont reçu des roues motrices de 1m,80 ; la chaudière appartient au type Crampton (fig. 43). Ce type est très-répandu et exécuté très-simplement sans le moindre luxe.

N° 14.—Disposition de longerons toute particulière ; exécution très-soignée et très-luxueuse ; pièces du mouvement en acier fondu et de très-petites dimensions ; forme de chaudière du système Stephenson (fig. 45).

N° 15. — Même observation, sauf pour la chaudière qui a une boîte à feu de forme pyramidale (fig. 46) ; sert aux trains de vitesse ; médiocre stabilité.

N° 16. — Rappelle le numéro 14 ; mêmes particularités.

N° 17. — Ancienne machine à quatre roues de fonte du chemin de fer de Saint-Etienne à Lyon, exécutée dans les ateliers de la Compagnie. Les roues étaient cerclées avec des coins de bois ; ces machines, rappelant l'ensemble de celle de Stephenson, ont presque toutes disparu.

N° 18. — Cette petite machine a probablement été construite en France aux ateliers de Chaillot, que dirigeait alors M. Edwards ; elle appartenait également au type à quatre roues de Stephenson.

N° 19. — Grosse machine à quatre grandes roues sous le corps tubé, ayant les bâtis composés de tiges et disques rapportés à soudure, suivant le type connu du constructeur. — Voir le *Traité de Julien et Bataille.* Mais, au lieu de foyer sphérique, celui-ci est carré et saillant, comme en la figure 4. Cette machine se distingue par sa grande puissance utile. Nous lui avons vu traîner en vitesse des charges énormes, eu égard à ses dimensions.

N° 20. — Voir numéro 14.

N° 21. — Même disposition de mécanisme que dans la machine numéro 15 du tableau J.

N° 22. — Chaudière de la figure 49 ; tout le mouvement est extérieur comme dans le type précédent ; les six roues sont sous le corps tubé ; les roues libres en avant ; très-belle exécution.

N° 23. — Chaudière de la figure 41 ; châssis intérieur ; tout le mécanisme est extérieur.

N° 24. — Chaudière de la figure 49 ; tout le mécanisme est intérieur.

N° 25. — Locomotive mixte à grande vitesse, construite sur les projets de M. Sinclair, par Neilson, à Glascow ; chaudière Crampton (fig. 43) avec dôme au-dessus du foyer ; cheminée évasée de bas en haut sans couronnement ; châssis intérieur ; cylindres extérieurs ;

pompes et distribution intérieures ; la suspension des roues motrices et d'arrière est rendue commune par un levier de balancier.

Nº 26. Nouvelle machine construite sur les projets de M. Clarke ;
très-long foyer divisé en deux compartiments par un bouilleur
longitudinal et avec grille inclinée, pour la combustion de la
houille ; double châssis ; mouvement intérieur avec doubles
glissières pour la crosse du piston ; les roues d'arrière, couplées
avec les roues motrices, sont placées à peu près sous le milieu de
la boîte à feu, grâce à son inclinaison ; il faut remarquer l'égalité
de charge sur les roues ; chaudière du type de la figure 45 ;
cheminée conique évasée par le bas.—Voir la description de cette
machine dans Clarke, au supplément.

Nº 27. — Grosse machine, étudiée par M. Clarke, pour remorquer habituellement 210 tonnes à 20 milles par heure sur lignes
ayant des rampes de 1 centimètre ; double châssis en fer (fig. 42),
très-solide ; cylindres dans l'entre-deux des longerons extérieurs
et intérieurs ; pompes et distribution intérieures sous le corps cylindrique de la chaudière. Celle-ci appartient au type de la figure 47,
avec dôme au milieu ; roues en arrière du foyer ; formes élégantes.

Nº 28. — Locomotive à petite vitesse, de construction récente,
par MM. Sharp et Steward, de Manchester, offrant diverses dispositions particulières à étudier dans Clarke, notamment le surchauf-
fement de la vapeur à la base de la cheminée et les guides de crosses
de pistons, qui sont cylindriques et uniques ; le châssis et le mécanisme sont intérieurs et rappellent, ainsi que par la position
la machine de Gouin ci-dessus, dite le Rhône (nº 4, L) ; chaudière
de la figure 47.

Nº 29. — Locomotive à petite vitesse ; chaudière de la figure 47,
avec dôme au-dessus du foyer ; cylindres extérieurs ; châssis, distribution et pompes intérieurs ; les roues couplées avec les roues
motrices sont derrière le foyer.

1245. ADDITIONS AU TABLEAU M DES LOCOMOTIVES-TENDER.

N° 1. — Petite machine à voyageurs, à trois paires de roues indépendantes.

N° 2. — Machine à quatre roues couplées (milieu et arrière); planche et description au *Guide du mécanicien*, pl. 72 et 73 ; châssis double (fig. 42); mécanisme intérieur ; caisse à eau sous la plate-forme du mécanicien.

N° 3. — Petite machine à trois paires de roues indépendantes, exposée à Londres en 1851.

N° 4. — Très-petite machine à deux paires de roues indépendantes, pour petit embranchement et service de voyageurs ; exposée à Londres en 1851.

N° 5. — Machine à quatre roues ; mécanisme intérieur ; une seule caisse à eau sous le corps tubé de la chaudière ; mécanisme entièrement extérieur.

N° 6. — Machine très-curieuse, à très-longs tubes ; boîte à feu cylindrique; grand entre-axe de roues ; frein à pression sur la voie ; réservoir à eau en forme de demi-anneau au-dessus et autour du corps tubé de la chaudière ; distribution à manettes par un seul excentrique, avec détente séparée ; cylindres extérieurs contre le foyer, transmettant le mouvement aux roues du milieu ; longerons extérieurs en tôle découpée.

N° 7. — Ancienne machine anglaise du chemin de fer de Saint-Germain, convertie en machine-tender, avec caisses à eau latérales, sous la direction de M. Flachat, pour les petits services d'hiver de la banlieue de Paris, ligne de l'Ouest; mécanisme intérieur; longerons extérieurs, portant les caisses à eau, comme en la figure 44.

N° 8. — Ancienne machine anglaise, convertie de même en machine-tender, pour la même destination et sous la même forme.

N° 9. — Petite machine-tender pour voyageurs, à grande vitesse, à quatre roues ; châssis intérieur ; longerons et mécanisme intérieurs, agencés suivant le système Crampton ; caisse à eau sous la chaudière et une autre sous les pieds du mécanicien.

N° 10. — Petite machine-tender ; mécanisme extérieur ; même position des caisses à eau que ci-dessus.

N° 11. — Même observation.

N° 12. — Comme le numéro 5 ci-dessus.

N° 13. — Ancienne machine à voyageurs, transformée pour le service d'Enghien en forte machine-tender à quatre roues couplées (milieu et avant) ; chaudière à boîte à feu pyramidale ; cylindres et pompes extérieurs ; grande caisse à eau sous les pieds et autour du mécanicien, chargeant les roues couplées d'arrière, qui sont en arrière de la boîte à feu ; caisses à coke au-dessus de la caisse à eau ; caisse à outils sur le corps tubé et sur le tablier latéral de la machine.

N° 14. — Grande machine-tender pour service de voyageurs sur voie à rampes de 10 millimètres ; nombreuses dispositions particulières ; mécanisme extérieur ; *petits chevaux* pour l'alimentation ; frein à vapeur ; caisses à eau sous la chaudière et sous les pieds du mécanicien ; quatre roues couplées. Ce type n'a pas été reproduit.

N° 15. — Puissante machine-tender mixte, à quatre roues couplées ; cylindres, pompes et distribution extérieurs ; les caisses à eau, originairement placées sous la chaudière et sous la plate-forme, ont été supprimées pour mieux répartir la charge, puis, plus tard, replacées latéralement dans toute la longueur au-dessus du tablier, contre le corps tubé ; modèle aujourd'hui excellent et très-élégant.

N° 16. — Même observation, mais mécanisme intérieur ; type analogue au *Rhône*. — Voir tableau L, numéro 4.

N° 17. — Machine-tender à quatre roues couplées, très-puissante, pour un petit parcours très-fortement accidenté et sinueux. Aux rampes on attelle deux machines dos à dos, sous la conduite des mêmes hommes ; en plaine ou à la descente des rampes, l'une des deux machines reste au dépôt. Mécanisme extérieur, caisses à eau sous le corps tubé et sous la plate-forme du mécanicien.

N° 18. — Très-petite machine à voyageurs, à deux paires de

roues indépendantes, accompagnée d'un tender proprement dit ; mécanisme intérieur, longerons extérieurs.

N° 19. — Petite machine mixte à quatre roues couplées, pour le service des houilles ; longerons intérieurs ; cylindres extérieurs ; accompagnée d'un tender proprement dit ; excellent modèle, très-élégant.

N° 21. — Grosse machine-tender à six roues couplées, pour le service de l'usine, mécanisme entièrement extérieur ; pompes près du foyer ; distribution d'Engerth ; caisses à eau et soutes à combustible latérales sur le tablier, comme en la figure 57.

N° 22. — Machine à quatre roues couplées, étudiée par M. Clarke et construite par Beyer et Peacock, de Manchester ; chaudière de la figure 47, avec dôme sur le foyer ; cylindres, pompes et tiroirs extérieurs ; excentriques, coulisses, relevage et châssis intérieurs ; caisse à eau sous le corps cylindrique.

N° 23. — Curieuse et élégante machine de construction récente, à étudier dans Clarke ; huit roues en deux groupes, savoir : deux paires de grandes roues couplées, ayant entre elles le foyer et ayant leurs boîtes à graisse dans le châssis intérieur ; à l'avant sont deux paires de petites roues, ayant leurs boîtes à graisse sur un bout de châssis extérieur. La figure 46 indique l'ensemble de cette disposition, sauf que les roues d'avant-train ne sont pas mobiles. Les ressorts sont communs aux roues deux à deux, de sorte que la machine ne porte que par quatre points ; châssis proprement dit et mécanisme intérieurs. Les caisses à eau sont latéralement placées sur le tablier, comme en la figure 57, plus une troisième sous les pieds du mécanicien ; chaudière de la figure 47, avec dôme près de la cheminée : celle-ci est conique, avec évasement de bas en haut.

N° 24. — Très-petite machine pour entrepôt à quatre roues couplées ; cylindres et pompes extérieurs ; châssis très-solide et distribution intérieurs ; caisse à eau sous la chaudière ; celle-ci appartient au type de la figure 47, avec dôme au milieu.

N° 25. — Elégante petite machine à étudier dans Clarke (supplément), destinée à remorquer un train de voyageurs de huit voitures sur un parcours de 47 milles, à la vitesse de 36 milles à l'heure, en faisant six stations et en consommant 10 livres de coke par mille ; chaudière de la figure 47, avec dôme au milieu; châssis intérieur en fer ; châssis extérieur en fer et bois découpé avec vide, comme dans la figure 47 ; les roues sont disposées comme en la figure 42, mais les roues d'arrière sont reculées d'environ 1 mètre ; le mécanisme est intérieur et compris entre les roues d'avant et celles du milieu, comme dans le système Crampton : il y a deux caisses à eau, l'une à chaque bout de la machine, c'est-à-dire l'une sous la boîte à fumée, de la contenance de 500 litres, que traverse le conduit de la vapeur d'échappement et où puisent les pompes directement ; l'autre caisse contient environ 1070 litres et est derrière le foyer, sous les pieds du mécanicien ; c'est celle où l'eau est versée par la grue hydraulique, un tube la réunit à la première.

1246. ADDITIONS AU TABLEAU N DES LOCOMOTIVES EXCEPTIONNELLES.

N°s 1, 2, 3. — Trois machines du Great-Western railway, où les rails écartés de 2^m,16 ont permis à volonté d'élargir la chaudière et de distancer les organes mécaniques. La première est une locomotive à grande vitesse, la seconde une machine mixte tender, portant ses approvisionnements, et la troisième une locomotive à marchandises du type ordinaire. Le numéro 1 pèse 31 tonnes et demie étant vide, et le numéro 3 pèse 25 tonnes. Dans la première, il y a 1^{mq},83 de grille, et dans la troisième, 1^{mq},72. Dans le numéro 2, la charge des roues est, en bloc, 14^{t}50 sur les deux paires de roues d'avant, et 21^t,50 sur la paire de roues d'arrière.

N°s 4 et 5. — Deux machines qui ont été exposées à Londres en 1851, et ont été construites pour atteindre, sur la voie du North-Western (à écartement de rails ordinaire), la vitesse du Great-Western. La première se distingue par les formes tourmentées de sa chaudière ; la seconde a péché par l'insuffisance de vapeur.

N°s 6 et 11. — Deux puissantes machines du type ordinaire, à mouvements extérieurs, destinées à gravir à petite vitesse des rampes exceptionnelles.

N° 7. — Même but, mais la machine se spécialise en ce que les roues du tender sont mues par deux cylindres à vapeur spéciaux. Ce sont, en quelque sorte, deux locomotives attelées ensemble, pourvues chacune d'un mécanisme complet, mais dont l'un porte le générateur et l'autre les provisions.

N°ˢ 8, 9 et 10. — Trois machines qui ont été construites pour gravir la rampe du Sœmering (Autriche). Bien qu'elles aient, en tout ou en partie, été acceptées au concours, elles n'ont pas continué à servir après l'apparition des locomotives Engerth dont il va être parlé. — Voir leurs dispositions toutes particulières dans les *Annales des mines* de 1853. La machine n° 10 a $1^{mq},15$ de grille.

N° 12. — *Tank-engine* puissante et à petite vitesse qui, outre ses quatre petites roues motrices, a deux trains mobiles (arrière et avant), composés d'une paire de galets qui aident à maintenir la machine sur la voie, et qui se soulèvent pour passer sur les plaques tournantes. Elle a été exposée en 1855 à Paris.

N°ˢ 13, 14 et 15. — Trois machines dont les foyers sont disposés pour brûler la houille sans fumée. Ce qui les particularise est l'existence d'une *chambre de combustion ou de mélange*, où la fumée reçoit une injection d'air par des tuyères.

N° 16. — Énorme machine à quatre grandes roues couplées, avec chaudière spéciale ayant, comme les précédentes, dans le foyer une chambre de combustion. Elle a été exposée à Paris en 1855, et elle avait pour but de traîner de fortes charges sur des rampes de 1 centimètre, à 100 kilomètres de vitesse par heure. Elle n'a pas continué ses essais.

N° 17. — Machine-tender à galets mobiles et directeurs (système Arnoux) remorquant les trains dans les courbes très-faibles des chemins de fer de Sceaux et d'Orsay. Elle a quatre cylindres. Le projet, fourni par M. Arnoux, a été élaboré par M. Meyer et exécuté par M. Anjubault.

N° 18. — Machine à trois cylindres, dont le mécanisme est d'ailleurs conforme au type ordinaire. — Voir Clarke, *Treatise on railway.*

N°s 19 à 24. — Machines du système Engerth, installées pour le service courant de la petite vitesse sur les voies ordinaires. Elles sont bien connues et décrites notamment dans les *Annales des mines*. — Voir *Mémoires et notes diverses* en 1856, 1858, 1860 et suivantes. Voir aussi *Guide du mécanicien*, édition nouvelle de 1859, figures 57 et 58, donnant à peu près l'Engerth numéro 20. chemin de fer de l'Est on a découplé les tenders, on a lesté les machines à l'avant et fait suivre de tenders ordinaires. — Voir les discussions récentes sur cette machine, aux *Annales des mines* de 1860 et 1861.

N° 25. — Grosse machine pour fortes rampes et petit parcours. Elle porte son combustible, ainsi que son eau, dans une caisse intercallée entre le mécanisme et la chaudière, qui est ainsi très-élevée; c'est une sorte de machine-tender. — Voir la description au *Guide du mécanicien*, nouvelle édition.

N° 26. — Machine destinée à remorquer 110 tonnes, à 16 kilomètres de vitesse par heure, sur une voie avec des rampes de $0^m,025$ et des courbes dont le rayon descend jusqu'à 300 mètres. Elle a effectivement remorqué dans ces conditions jusqu'à 160 tonnes. Elle se rapproche, comme combinaison de support, des machines Engerth, c'est-à-dire que, outre les huit roues fixes propres à la machine, une partie du poids du foyer porte sur un tender à six roues dont les paires sont chargées respectivement, en nombre rond, de $5^t,20$, $9^t,16$ et $9^t,20$, soit en tout exactement $23^t,55$, le poids total de l'appareil complet en marche est $70^t,85$. Les cylindres sont à l'avant de la machine, et les tiges de piston sortent par les couvercles d'avant, transmettant le mouvement au premier essieu par des T et des doubles bielles. Cette machine est décrite et étudiée au *Bulletin de la Société de Mulhouse* 1860. Elle a été construite avec un grand soin aux ateliers de M. Kœchlin. — Voir aussi *Compte rendu des ingénieurs civils de Paris en* 1857.

N° 27. — Machine de montagne pour très-petites courbes, suivie d'un tender ordinaire, construite aux ateliers du chemin de fer d'Orléans; cylindres extérieurs horizontaux; bielle d'accouplement unique sur un essieu coudé au milieu et très-fort ($0^m,22$ au coude, $0^m,17$ à la fusée). Les deux essieux du milieu sont immobiles, à la manière ordinaire ; les deux essieux extrêmes sont, au contraire, mobiles par le déplacement latéral des boîtes à graisse entre des plaques de garde à glissières inclinées. La même disposition est appliquée au tender et aux waggons. La machine, suivie de dix véhicules du système, a été essayée plusieurs mois sur une courbe en 8, dans la plaine d'Ivry, à des vitesses qui se sont élevées à 48 kilomètres et dont les courbes avaient moins de 50 mètres de rayon ; tout se comportait parfaitement.

N° 28. — Machine des Etats-Unis, mixte pour voyageurs, avec avant-train mobile, à peu près comme en la figure 46, mais suivie d'un tender. Les roues motrices en fonte sont placées comme en ladite figure ; les cylindres sont horizontaux, accolés au bas de la boîte à fumée, entre les petites roues qui forment l'avant-train mobile et ont la cheville ouvrière au-dessous de la cheminée dans son axe même. Ces petites roues sont aussi en fonte. Les pompes alimentaires sont extérieures comme les cylindres ; les tiroirs sont au-dessus des cylindres ; les excentriques, coulisses et relevage sont intérieurs entre les longerons, qui sont eux-mêmes intérieurs. Chaudière du type Crampton, figure 43 ; cheminée avec pavillon pour brûler du bois. Un énorme tender à huit roues accompagne cette machine, qui est construite avec beaucoup d'élégance et une riche ornementation.

N° 25. — Machine dite de forte rampe, reproduisant à peu près les dispositions du numéro 25 ci-dessus, mais avec un foyer du système Belpeyre ; cylindre sécheur au-dessous de la cheminée et cheminée horizontale en forme de trompe. Le sécheur contient 20 gros tubes et a pour la vapeur une capacité de 240 litres. La caisse à eau contient 5800 litres ; les soutes à houille en contiennent 2000 kilogrammes. La machine vide pèse 30t,68.

N° 30. — Immense machine-tender à quatre cylindres et à douze roues couplées, avec réchauffeur et cheminée en trompe. Le châssis est simple, intérieur, et règne dans toute la longueur. Les roues sont en deux trains, commandées chacune par un mécanisme complet du type Engerth, qui se regardent respectivement, les cylindres étant vis-à-vis, aux extrémités de la machine. Le foyer est du système Belpeyre et est porté sur les deuxième et troisième paires de roues à partir de l'arrière. Les trois paires de roues antérieures portent le corps cylindrique et la grande caisse à eau. En arrière du foyer il y a la petite caisse à eau et la soute à combustible. Le but de cette machine est d'avoir un très-puissant appareil, pesant très-peu sur les roues. Les deuxièmes et cinquièmes roues sont fixes et sans jeu dans leur boîte à graisse : ce sont les roues motrices proprement dites. Les autres roues ont 15 millimètres de jeu sur les fusées, sans aucun organe additionnel. Le frein presse sur les troisièmes et quatrièmes roues. Voici quelques dimensions complémentaires : poids vide, 41^t,65. Le poids de la machine pleine en marche, avec 10 centimètres d'eau sur le ciel du foyer, étant 56^t,60, la répartition sur les essieux est 9^t,15 sur chacun de ceux du groupe d'avant, et 9^t,71 sur chacun de ceux du groupe d'arrière. Les caisses à eau contiennent ensemble 8 mètres cubes d'eau, dont 5^{mc},20 dans celle d'avant. La soute à houille contient 2200 kilogrammes de combustible. La longueur totale de l'appareil est 10^m,75. Le sécheur contient autour des tubes 241 litres d'espace pour la vapeur ; la chaudière contient 3950 litres d'eau.

---

§ 3. LOCOMOBILES.

1247. Les machines qui sont comprises dans le tableau suivant sont à peu près dans les mêmes conditions de service, et appropriables à tous usages, ne différant guère que dans les détails d'installation.

Sauf celles des n°ˢ 1 et 26 qui ont une disposition spéciale, toutes sont à peu près disposées avec mouvement moteur sur le dessus de la chaudière, avec la particularité indiquée dans les deux dernières colonnes, le cylindre étant soit au-dessus du foyer, comme en la plupart des systèmes, soit à l'autre bout de la chaudière, comme en la figure 59.

Dans presque toutes les locomobiles françaises, le mécanisme repose sur une plaque de fondation, posée par un petit nombre de points sur la chaudière. Dans toutes les machines anglaises, au contraire, le mécanisme est appuyé et fixé directement sur la chaudière, comme en la figure 59.

Les rapports des Concours agricoles, notamment celui de Paris, en 1856, contiennent des tableaux comparatifs des essais de locomobiles ; ils sont intéressants à étudier, bien que des essais dans un concours ne soient pas toujours applicables à un travail courant.

1247 bis. Tableau P comparatif des diverses machines locomobiles.

Numéro d'ordre	NOMS DES CONSTRUCTEURS	Année de la construction	FORCE		GRILLE			TUBES À FUMÉE		SURFACE DE CHAUFFE		
			Nominale	Réelle	Longueur	Largeur	Surface	Longueur	Diamètre	Tubes	Foyer	Totale
			chev.	chev.	cent.	cent.	m.	mm	m.q.	m.q.	m.q.	m.q.
1	Flaud (à Paris)	1856	2	»	3.24	30	30	»	»	»	»	3.25	3.25
2	Ateliers du ch. de fer de l'Est.	1839	2	»	»	41	46	»	»	»	3.12	0.98	4.10
3	Bréval (à Paris)	1850	2 1/2	»	»	35	45	»	»	220	»	»	2.50
4	Sepven (à Paris)	1855	3	»	»	35	15	»	»	»	4.12	1.15	5.40
5	Calla (à Paris)	1856	3	»	2.34	35	35	»	1.00	35	4.33	»	»
6	Duvoir (à Liancourt)	1850	4	»	»	Diam. 30	»	»	»	»	»	»	6.96
7	Bréval (à Paris)	1850	4	»	»	Surf. 0.m0.33	15	1.50	60	»	»	»	6.00
8	Dray (à Londres)	1855	4	»	4.33	44	10	1.47	47	5.31	»	»	»
9	Lotz (à Nantes)	1855	5	»	5.71	70	40	1.0	0.70	45	3.28	1.88	5.06
10	Rouffies (à Paris)	1850	6	»	7.00	Surf. 0.m0.36	15	1.00	35	4.31	1.12	5.96
11	Falguières (à Marseille)	1850	5	»	»	»	24	1.80	»	»	»	»	7.98
12	Duvoir (à Liancourt)	1850	5	»	»	Diam. 67	»	»	»	»	»	»	11.32
13	Gargani (à Paris)	1850	6	»	»	Surf. 0.m x.75	15	1.90	60	5.03	1.22	7.25
14	Pérignon (à Paris)	1857	6	»	»	40	06	»	»	»	3.60	2.41	6.01
15	Flaud (à Paris)	1856	6	»	»	»	»	»	»	»	»	»	7.80
16	Clayton (construct. anglais)	1855	6	»	»	30	55	»	1.70	»	7.50	1.05	8.55
17	Barrett Id.	1856	6	6.55	46	21	»	2.14	45	»	»	»	»
18	Stephenson, Id. (a)	1856	12	»	»	»	»	»	1.90	70	12.35	1.71	14.36
19	Hornsby Id.	1855	6	6.03	41	75	24	1.22	59	»	»	»	»
20	Renaud et Lotz (à Nantes)	1856	6	5.78	60	39	22	1.35	60	4.48	0.92	5.00
21	Cumming (à Orléans)	1859	6	7.00	40	24	1.50	45	5.88	1.00	7.88
22	Calla (à Paris)	1855	6	7.19	45	60	21	1.90	60	7.01	1.00	9.03
23	Calla (à Paris)	1855	6	»	49	50	21	1.97	53	»	1.22	»
24	Garrett (construct. anglais)	1856	7	»	45	50	24	1.30	63	5.12	»	»
25	Barrel Id.	1856	7	»	49	59	27	1.50	60	10.15	0.70	10.70
26	Tuxford Id.	1856	8	8.71	25	60	15	2.10	51	7.20	»	»
27	Clayton Id.	1855	8	»	30	65	»	»	»	11.53	1.05	12.58
28	Calla (à Paris)	1857	9	»	»	»	»	»	»	»	»	13.89
29	Gargani (à Paris)	1860	9	10.00	60	74	2.14	65	5.33	2.00	18.01
30	Pérignon (à Paris)	1857	10	»	50	70	»	»	»	4.14	1.66	7.00
31	Ateliers du Creusot	1859	10	»	71	53	»	»	»	»	»	»
32	Ransomes (constr. anglais)	1856	10	10.93	56	50	22	1.82	50	12.00	1.37	13.37
33	Dickoff (à Bar) (b)	1861	12	16.00	47	87	42	1.90	70	17.61	2.70	19.31
34	Artige (à Paris)	1858	20	»	»	»	2	70	»	»	27.00
35	Calla (à Paris) (b)	1860	25	33	190	50	21	2.37	75	»	»	25.50

(a) Cette locomobile a deux cylindres conjugués à angle droit.

(b) Cette locomobile a donné facilement la force effective indiquée: à 10 tours, et avec une introduction à moitié course, elle a donné ses 25 chevaux.

§ 4. MACHINES DE NAVIGATION.

I. Tableaux.

1248. Dans un grand nombre d'ouvrages on trouve des tableaux très-utiles à consulter, et notamment ceux qui suivent :

1° Dans le journal anglais, l'*Artisan*, de juillet 1860, t. XVIII, n° 211. — Un grand tableau dressé par la *British association committee on steam-ship performance*, comprenant la vitesse et les résultats de soixante et dix navires de l'amirauté, plus vingt-deux steamers de la marine privée anglaise et deux autres américains. — Détails complémentaires sur les machines.

2° Dans le *Traité des machines à vapeur* de Julien et Bataille. — Des tableaux des dimensions principales des organes et devis de construction de machines marines généralement assez anciennes.

3° Dimensions comparatives de bateaux de rivières, notamment de la Loire et de la Garonne, par Callon et Mathias, dans leur ouvrage sur la navigation fluviale. — Reproduit dans le *Recueil des machines d'Armengaud*, t. V.

4° Dans le *Traité des hélices* de Bourne, traduit et complété par le capitaine Paris.

Expériences à bord du steamer anglais à hélice *la Minx*.

Expériences sur quatre navires à hélice de la marine impériale française et utilisation du combustible (*Roland, Jean Bart, Laplace, Napoléon*).

Dimensions des coques, machines et propulseurs, avec expériences comparatives sur quarante-quatre steamers à hélice de l'amirauté britannique.

Dimensions des coques, machines, propulseurs et chaudières de vingt-huit bateaux à hélice de la marine commerciale anglaise et utilisation par rapport au combustible. Même travail sur quarante-six autres steamers à hélice anglais et trente et un steamers à roues anglais.

Utilisation économique de quarante-huit steamers à roues et treize à hélice de la marine impériale de France, et, en outre, de vingt-six steamers divers de la Compagnie des Messageries impériales de France.

5° Dans le *Traité des machines à vapeur* de Tredgold, principales dimensions comparées de sept cents navires à vapeur américains de toutes sortes, t. II.

Dimensions comparées des coques, machines et propulseurs de quarante-cinq steamers à hélice de l'amirauté britannique, avec le rapport de leurs dimensions respectives et la relation de diverses expériences dont ils ont été l'objet, tableau très-intéressant, sur quarante-huit colonnes, t. IV, dernière édition.

Expériences diverses sur vingt-trois steamers anglais à roues ; Tredgold, dernière édition, t. IV.

Ces tableaux sont reproduits, notamment, dans le *Rudimentary treatise on the marine Engine* de R. Murray.

6° Dans le *Traité des appareils de navigation* de M. Ledieu, tableaux très-complets des dimensions des principaux types de la marine française.

7° Dans le *Treatise on steam-ships Building* de Robert et Mathieu Murray, tableaux des diverses dimensions de soixante-douze steamers à roues ou à hélices, et cinquante-six bâtiments de l'amirauté.

1249, Tableau Q comparatif de grands navires de transports à vapeur et à roues de 1re classe et yachts (voy. n° 1258).

N° d'ordre	NOMS DES NAVIRES	SYSTÈME DES MACHINES
1	Franklin	Balanciers latér.
2	Humboldt	Id.
3	Georgia	Id.
4	Washington	Id.
5	Pacific	Balanciers latér.
6	Baltic	Id.
7	Fulton	Oscill. vis-à-vis.
8	Vanderbilt	Balanciers sup.
9	Adriatic	Oscill. vis-à-vis.
10	Ericsson	Balanciers latér.
11	Bayous	Id.
12	America	Id.
13	Asia	Id.
14	Arabia	Id.
15	India	Oscillant.
16	Tyne	Balancier latér.
17	Perna	Id.
18	La Plata	Id.
19	Airato	Id.
20	Shannon	
21	Paramatta	Double cylindre
22	Seine	Oscillant Penn.
23	Connaught	Id.
24	Hibernia	Id.
25	Scotia	Balanciers latér.
26	Ulster	Oscillant.
27	Leinster	Id.
28	Guienne	Oscillant Penn.
29	Navarro	Id.
30	North Star	
31	Danig	
32	Victoria and Albert	Double cylindre
33	Victoria and Albert	Oscillant Penn.
34	Windsor-Castle	Id.
35	Rhondard	Dir. Creusot.
36	Aigle	Oscillant Penn.

1250. Tableau Q (2ᵉ partie), comparatif de divers transports   **à roues de seconde classe et au-dessous (voy. n° 1259).**

Numéros d'ordre	NOMS DES NAVIRES	Année de la construction	CONSTRUCTEURS de la COQUE	de la MACHINE	FORCE nominale (75 kil.)	réelle (75 kil.)	Déplacement	Tonnage	COQUE Longueur	Largeur	ROUES Creux	Tirant d'eau moyen	Vitesse	Diamètre	Nombre de tours par minute	Nombre d'aubes	Longueur d'aubes	Largeur d'aubes	VAPEUR Pression absolue	Introduction	PISTONS Nombre	Diamètre	Course	Surface de chauffe	SYSTÈME DES MACHINES
					chev	chev	tonn	tonn	m.	m.	m.	m.q.	mèt	m.			m.	alvos.				m.	m.	mq.	
1	Honfleur	1828	Kormand	Mazeline	70	»	»	»	»	»	»	»	5.12	20	10	1,60	0,53	2,5	»	2	0,91	0,91	100	Balanciers latér.
2	Auxerre	1841	»	Mazeline	100	»	»	»	»	»	»	»	5.10	20	18	2,50	»	1,25	»	2	1,70	1,37	240	Id.
3	Bastia	1843	»	Mazeline	100	»	»	»	»	»	»	»	5.49	25	11	1,90	0,56	1,25	»	2	1,15	1,00	175	Id.
4	Cygne	»	Normand	Mazeline	80	»	»	»	42,00	5,80	2,90	1,70	»	14	4,40	12	12	2,30	0,90	2,5	»	2	0,95	0,95	140	Oscill. Penn.
5	Éclair	»	Normand	Miller	70	»	»	»	41,05	5,50	7,90	2,80	»	14	4,10	12	12	2,30	0,90	2,5	»	2	0,83	0,91	»	Id.
6	Castor	1841	Nillus	Nillus	55	73	90	»	28,00	4,00	»	1,00	4,00	10	3,00	40	12	1,30	0,42	2,5	0,90	2	0,50	0,55	40	Id.
7	Charrois	1851	Nillus	Nillus	10	150	90	»	3,00	4,40	7,40	1,33	5,04	13	4,71	42	11	1,34	0,51	2,5	0,50	2	0,74	0,75	54	Vert. clocher.
8	Normandie	1857	Blackwood	Blackwood	30	»	150	50,50	6,50	5,00	1,71	»	14	5,00	25	10	1,70	0,60	3,0	0,68	1	1,30	1,13	»	Balanciers latér.
9	Alexandrie	anni.	»	»	220	»	1031	54,45	5,34	6,13	3,66	21,77	6,3	21	»	»	»	basc.	»	2	1,43	1,30	»	Direct. vertic.
10	Bosphore	Id.	»	»	180	»	859	56,15	6,65	4,35	2,00	17,17	9,4	»	25,5	»	»	Id.	»	2	1,34	1,12	»	Id.
11	Tancrède	Id.	»	»	160	»	771	50,80	8,00	5,74	3,93	»	6,5	»	17	»	»	Id.	»	2	1,22	1,27	»	Balanciers latér.
12	Trabor	1855	At. de la Ciotat	At. de la Ciotat	370	1171	60,00	8,77	5,42	4,30	28,18	11	»	29,5	»	»	»	»	2,5	»	2	1,18	1,84	»	Oscil. Penn.
13	Carmel	1854	Id.	Id.	370	»	»	57,90	9,50	3,10	4,10	»	11,5	7,00	24	14	3,50	»	2,5	»	2	1,80	1,80	»	Id.
14	Nashville	»	Coilyer	Allen	380	»	1940	66,80	10,40	»	3,00	35,30	»	19	28	3,00	0,50	1,5	»	1	2,13	2,40	»	Balanciers latér.
15	Ser-Charles-Wood	1860	»	Ellison	240	»	»	60,08	11,57	»	»	7,23	20	24	2,18	0,30	4,0	»	2	0,91	2,18	»	Direct. diagon.
16	Rev-Mac-Gregor	»	Laird	Forester	250	»	301	54,07	7,00	4,80	»	7,17	25,5	»	»	»	»	»	»	1	1,06	1,37	»	Voir légende.
17	City-of-London	»	Napier	Napier	450	»	1120	65,20	9,00	6,05	4,30	37,00	18	8,30	30	»	2,74	0,60	2,0	»	2	1,78	2,00	»	Balanciers latér.
18	Manchester	»	Lang (Ing.)	Penn	360	»	676	56,00	9,05	4,80	»	»	15	7,80	21	22	3,60	0,82	»	»	5	1,15	1,67	»	Oscill. Penn.
19	Minerva	1843	Vernous	Bury	344	»	635	57,00	7,40	4,05	3,04	»	»	5,00	25	16	»	»	»	»	3	1,15	1,37	»	Balanciers latér.
20	Alliance	1855	Maro	Scoward	220	»	407	53,80	7,50	»	»	»	»	»	»	»	»	»	»	»	»	»	»	Simple effet.
21	Dover	»	Laird	Forester	90	»	204	»	»	»	»	4,05	»	»	»	»	»	1,5	»	2	0,86	1,06	»	Double cylind.
22	Onyx	»	Ditchburn	Penn	124	»	200	»	»	»	»	4,05	»	»	»	»	»	3,3	»	2	1,22	1,22	»	Oscil. Penn.
23	Onxine	1841	Pasco	Miller	106	443	280	»	5,94	»	»	2,78	3,03	14,75	5,0	38	13	3,00	0,73	2,0	»	2	1,00	0,91	»	Id.
24	Princesse-Alice	»	Ditchburn	Maudslay	180	»	270	35,00	6,08	3,20	1,88	17,5	6,17	»	»	»	»	2,0	»	2	1,07	1,10	»	Vertic. annul.
25	City-of-Paris	»	Joyce	Joyce	140	»	491	50,15	7,00	4,05	1,88	»	30	»	»	»	»	»	»	2	1,30	1,72	»	Voir légende.
26	Confidence	»	Lang	Maudslay	100	»	284	»	»	3,04	2,13	»	8	4,80	34	»	»	»	3,5	»	2	0,90	1,22	»	Balanciers latér.
27	Bruglion	1857	Palmer	Palmer	140	»	985	55,63	6,68	»	7,40	»	»	»	»	»	»	»	»	1	1,10	1,72	»	Id.
28	Prince-of-Wales	1861	Langley	Dudgeon	160	»	530	62,84	7,02	3,04	1,90	11,50	»	29	2,21	»	0,68	3,0	»	2	1,12	1,52	»	Oscil.
29	Inca	1860	Lard	Lird	»	»	296	372	45,00	7,00	3,05	1,90	»	17	4,57	»	»	»	»	»	1	1,014	1,05	175	Direct. diagon.
30	Victoria	1861	Samuda	Penn	220	»	660	60,06	7,30	»	»	»	»	»	»	»	»	»	»	»	»	»	»	Oscillant.
31	Jenny-Lind	»	Beny	Penn	»	»	152	»	43,50	4,50	2,50	»	»	4,50	44	»	»	»	»	»	2	0,80	1,00	»	Oscil. Penn.
32	Acheron	»	Symond	Scoward	160	»	122	»	»	»	1,30	»	6,00	»	»	»	»	basc.	»	2	1,31	1,06	»	Balanciers latér.
33	Leviathan	»	»	Napier	170	»	»	50,20	10,20	2,40	1,30	18,44	»	24	»	»	»	»	»	2	1,31	1,06	»	Id.
34	Chemin-de-fer	1846	Ditchburn	Maudslay	150	»	22n	42,21	6,40	3,40	1,98	9,56	10,3	2,88	24	17	1,13	0,81	2,30	0,90	2	1,22	1,06	»	Système annul.
35	Ville-de-Bruges	1846	Ink-rill	Cokeril	170	348	255	41,00	6,40	3,80	1,80	9,56	10,4	3,80	28	17	1,13	0,84	2,30	0,65	2	1,22	1,06	»	Id.
36	Cuba	1855	Cokeril	Cokeril	320	600	395	44,55	6,40	3,40	1,00	9,35	13,0	4,80	31,5	12	1,13	0,84	2,30	0,60	2	1,22	1,06	»	Id.

1251. Tableau R, comparatif des diverses navires de guerre à roues (voy. n° 1260).

Numéros d'ordre.	NOMS des NAVIRES.	DÉSIGNATION DES NAVIRES.	Année de la construction.	CONSTRUCTEURS DE LA COQUE.	DE LA MACHINE.	FORCE nominale.	FORCE réelle (75 k°.).	Déplacement.	Longueur.	Largeur.	Creux.	Tirant d'eau.	Section immergée.	Vitesse.	ROUES Diamètre.	Nombre de tours par minute.	Nombre d'aubes.	Longueur des aubes.	Hauteur des aubes.	VAPEUR Pression absolue.	Introduction.	PISTONS Nombre.	Diamètre.	Course.	Surface de chauffe par cheval nominal.	SYSTÈME DES Machines.
						ch.	ch.		m.	m.	m.	m.	m. q.		m.			m.	m.	atm.			m.	m.	mq.	
1	Terrible.....	Frégate angl. (72 can.)	1846	Lang........	Maudslay..	800	1640	»	68,70																	Double cyl.
2	Odin.......	Frégate angl. (24 can.)	»	Fincham.....	Fairbairn..	560	»	»	67,60																	Vert. dir.
3	Retribution..	Frégate anglaise....	»	Symonds.....	Maudslay..	500	905	»	66,00																	Oscil. cyl.
4	Utii-dog....	Id.	»	Symonds.....	Seaule....	560	»	»	»																	V. n° t.
5	Fury.......	Id.	»	Symonds.....	Rigby....	515	»	»	»																	Id.
6	Inflexible...	Id.	»	Symond.....	Fawcett..	350	»	»	»																	Id.
7	Dragon.....	Id.	»	Symond.....	Fairbairn.	560	»	»	»																	Id.
8	Caradoc....	Id.	»	Symond.....	Seaward..	350	»	»	»																	Doub. cyl.
9	Devastation..	Id.	»	Symond.....	Maudslay..	420	»	»	»																	Id.
10	Medea....	Id. (2 can. à pivot)...	1833	Lang........	Maudslay..	220	»	»	51,70																	
11	Merlin.....	Id.	»	Symond.....	Fawcett..	300	»	»	»																	Bal. latér.
12	Dee....X...	Id.	»	Scott et	Sinclair.	435	»	»	67,00																	Vert. dir.
13	Sampton....	Id.	1849	Symond.....	Benoît..	470	552	»	»																	Oscil.
14	Black-Eagle.	Corv. anglaise....	»	Lang........	Penn....	270	»	»	48,50																	V. légende.
15	Susquehana.	Frégate américaine...	»	Harvey (Baltimore)		400	»	»	77,62																	
16	Mogador...	Frégate française (6 c.)	1847	Pt de Rochefort..	Creusot..	650	2790	70,95																		Oscil.
17	Darien.....	Id.	1848	Pt de Cherbourg.	Cave....	450	2517	70,00																		Bal. latér.
18	Berthollet..	Corv. (6 can.)	1849	Pt de Rochefort.	Creusot..	450	1565	54,00																		Horiz. dir.
19	Infernal....	Id.	ancien	Atelier d'Indret..	Indret...	450	1254	50,00																		
20	Véloce.....	Id.	Id.		Anglais..	220	1284	51,05																		»
21	Espadon....	Aviso...	Id.	Guibert.....	Paywels..	220	1165	55,35																		Vert. dir.
22	Dauphin....	Id.	1847	Guibert.....	Gache....	180	851	46,00																		Id.
23	Requin.....	Id.	1847	Guibert.....	Gache....	180	»	54,00																		
24	Phoque.....	Id.	»		Gache....	200	512	50,00																		Osc. t.-à-v.
25	Héron.....	Id.	1849	Guibert.....	Cave....	220	»	512	48,00																	
26	Crocodile..	Id.	»	»	»	160	»	777	45,00																	Bal. latér.
27	Galilée.....	Id.	1847	Port de Lorient..	Lafont..	220	»	777	46,20																	V. légende.
28	Sphinx.....	Id. (3 can.)...	1855	Pt de Rochefort..	Fawcett..	160	»	»	42,00																	Bal. latér.
29	Caster.....	Id.	»	Port de Brest...		160	»	713	43,50																	Id.
30	Vélez......	Id.	1830	Pt de Cherbourg..	Maudslay.	220	»	»	»																	Oscill.
31	Wladimir...	Corv. russe (3 can.)...	1848	Mare..........	Seaule..	400	1200	»	»																	Id.

1252. Tableau S (1re partie), comparatif de grands navires de transport à hélice (voy. n° 1264).

Numéro d'ordre.	NOMS DES NAVIRES.	Année de la construction.	CONSTRUCTEURS DE LA COQUE.	DE LA MACHINE.	FORCE nominale.	FORCE réelle (15 k.m).	DIMENSIONS DE Déplacement.	Tonnage.	Longueur.	Largeur.	Creux.	LA COQUE. Tirant d'eau en avant.	en arrière.	Moyen.	Section immergée.	HÉLICE. Vitesse.	Diamètre.	Pas moyen.	Nombre de tours.	VAPEUR. Nombre d'ailes.	Pression absolue.	PISTONS. Introduction.	Échappe.	Diamètre.	Course.	Nombre de tours.	Surface de chauffe.	SYSTÈME DES MACHINES.
					ch.	ch.	tonn.	tonn.	m.	m.	m.	m.	m.	m.	m.q.	m/s	m.	m.		num.	atm.			m.	m.	m.q.		
1	City-of-Manchester.	»	»	Tod, M.-Gregor	350	»	3249	2213	78,35	11,59	»	»	5,10	50,00	8	4,27	5,35	»	3	Basse.	»	2	1,800	1,375	28	»	Eng. bal. supér.
2	City-of-Glasgow.	»	»	Id.	350	»	1516	60,75	9,95	7,10	»	5,11	5,51	»	40,00	»	3,00	5,49	72	»	»	2	1,070	1,390	25	»	Eng. bal. supér.
3	Brasil.	»	»	Id.	350	»	7303	91,95	11,80	5,10	»	»	»	4,17	5,70	»	3	2,5	»	2	2,023	1,521	27	»	Eng. bal. d'équa.
4	Glascow.	»	»	Id.	350	»	1301	75,32	10,67	7,95	»	»	»	4,27	5,40	30	3	»	»	2	1,803	1,524	24	»	Eng. bal. supér.
5	City-of-Baltimore.	1855	»	Id.	541	»	2267	90,34	9,44	7,85	»	5,17	5,38	»	»	»	»	»	2,0	»	2	2,010	2,125	16	»	Engrenage. »
6	Colombo.	»	Napier.	Napier.	410	»	2400	1516	87,00	9,16	6,13	0,45	6,35	»	»	12	»	»	2,0	»	2	1,030	1,570	21	»	Eng. balancier.
7	Taurus.	»	Deny, Tulloch.	Deny, Tulloch.	180	»	1128	84,10	8,57	7,33	»	»	5,00	45,00	10	3,08	6,00	61	»	2,5	»	2	1,670	0,530	54	»	Direct.
8	Ania.	»	Deny, Tulloch.	Deny, Tulloch.	330	576	1301	71,00	10,31	7,33	»	»	1,40	6,00	61	»	»	2,0	»	2	1,670	1,560	50	»	Direct.
9	Albatros.	1850	Smith, Rodger.	Deny, Tulloch.	170	»	500	60,00	6,14	4,80	2,56	5,61	»	35,00	126	3,39	5,81	106	2	2,0	»	2	1,142	0,815	42	»	Eng. cloch. vert.
10	Francfort.	»	Reid.	Tompson.	100	385	1489	360	58,00	6,40	5,73	3,51	4,15	»	28,15	10	2,26	5,82	41	2	2,0	»	2	1,010	0,840	47	»	Direct. pilon.
11	Great-Britain.	1846	Cie de la Comp.	Acramant.	1000	1342	3000	2070	87,85	15,50	9,88	»	»	5,75	79,51	»	4,30	4,88	58	4	»	»	4	2,200	1,320	25	801	Eng. (fig. 82).
12	Id. (modifié).	1851	Cie de la Comp.	Penn.	500	400	3000	2970	81,83	15,50	9,85	»	»	3,75	72,51	»	4,11	5,15	54	4	3,0	»	2	2,100	1,370	18	»	Eng. oscill.
13	Lady-Jocelin.	1852	Marc.	Maudslay.	500	»	1409	260	»	»	9,95	5,40	5,00	»	47,00	12	1,89	5,50	50	2	Moy.	»	2	1,350	0,700	50	»	Direct. (fig. 83).
14	Calcuta.	»	Marc.	Maudslay.	500	»	1409	»	71,60	12,00	6,60	»	»	»	»	14	4,57	9,00	55	3	Moy.	»	2	»	»	45	»	Direct. (fig. 82).
15	Himalaya.	1853	Marc.	Penn.	700	2016	4373	3750	95,76	14,10	8,45	»	»	103,00	14	5,89	8,54	55	3	Moy.	»	2	2,000	1,000	55	»	Direct. trunk.
16	Mauritius.	1852	Marc.	Watt.	300	»	2134	78,35	11,86	7,86	5,87	5,18	»	»	40	»	4,03	»	50	2	2,0	»	2	1,375	0,750	50	»	Direct. horiz.
17	John-Bell.	1857	»	Randolph.	»	»	1101	70,34	10,37	6,73	5,33	5,39	»	»	40	»	4,10	4,00	»	»	7,5	»	2	0,725	0,650	»	»	Truck incliné.
18	Cheluon.	1858	Palmer.	»	748	2600	»	3000	114,40	13,24	10,37	6,73	»	»	»	14	4,57	9,00	55	»	Moy.	0,50	2	2,120	1,060	44	»	Direct. pilon.
19	Timoleon.	1860	Langley.	Hodgson.	210	400	1991	1400	73,00	9,17	6,03	»	»	10,5	»	8,43	8,62	42	3	»	»	»	»	»	»	»	»	Direct. horiz.
20	City-of-New-York.	1851	Tod, M.-Gregor.	Tod, M.-Gregor.	530	»	3560	100,46	15,00	8,3	»	»	»	»	2	»	»	»	»	»	»	»	»	»	»	»
21	Monkton.	1851	Ash (ingénieur.	Humphrey.	100	190	3100	2000	87,30	17,55	6,43	»	»	6,00	47,05	12	5,15	0,70	50	2	»	»	3	»	0,0	»	441,0	V. légende.
22	Breton.	»	Caird.	Caird.	500	1021	2410	»	93,57	17,10	7,06	»	»	5,02	51,75	13	»	»	50	2	»	»	4	2,310	1,054	»	»	Direct. pilon.
23	India.	1854	Marc.	Watt.	500	450	2243	»	74,55	13,14	8,05	»	»	6,10	53,00	10	»	»	50	2	»	»	2	1,440	0,910	50	»	Dir. horiz. loc.
24	Ganges.	1854	Marc.	Lamper.	300	»	271	1171	74,46	11,12	5,69	»	»	8,00	»	61	»	»	54	»	3,0	»	2	1,300	1,000	60	»	Direct. bal. supr.
25	Simoin.	1854	Marc.	Rochwell.	250	287	»	1310	71,10	9,80	3,10	»	»	4,20	»	»	»	»	54	3	»	»	2	1,437	0,840	51	»	V. légende.
26	Cambria.	»	Smith, Rodger.	Smith, Rodger.	350	»	2682	»	80,80	10,95	9,00	»	»	6,00	52,40	10	»	»	»	2	»	»	2	1,800	1,370	50	»	Eng. oscill.
27	Mersey.	1854	Deny.	Clarck.	350	»	»	90,00	8,30	8,69	3,50	4,80	»	41,72	»	7,00	70	3	3,0	0,38	2	1,300	1,000	70	354	Direct. (fig. 83).
28	Clutha.	1855	Deny.	Clarck.	250	»	»	500	61,50	9,20	5,50	»	»	4,21	38,00	12	3,00	6,00	65	»	2,0	»	2	1,400	1,000	72	»	Direct. horiz.
29	Dundee.	1850	At. de la Cloiat.	At. de la Cloiat.	350	»	1461	»	70,00	10,02	9,80	»	»	5,40	34,00	9,3	»	6,00	62,5	»	2,5	0,30	2	1,415	0,550	93,5	411	Direct. pilon.
30	Darien.	1855	Gutiert.	Atelier Covei...	600	»	»	1461	»	70,00	10,02	9,90	»	»	6,59	»	»	5,40	6,00	62	4	4,6	0,15	2	»	0,900	40	550	V. légende.
31	France.	1854	»	»	300	»	2300	75,00	8,10	»	»	»	4,00	93,00	10,5	3,50	6,40	50	4	3,0	»	2	1,40	0,840	56	244	V. légende.
32	Freeyrog.	1855	»	S.-Bourbon...	120	420	»	58,00	8,70	»	»	»	4,00	51,00	»	3,90	6,00	65	»	2,0	»	2	1,300	0,890	54	224	Direct. pilon.
33	Seine.	1850	Guibert.	Killos...	100	190	»	1200	72,00	11,03	7,20	»	»	4,21	38,00	12	5,40	»	»	»	»	»	2	1,160	0,810	55	»	Direct. pilon.
34	Congrès.	1850	Atel. Schneug.	Atel. Schneug.	400	»	»	»	80,00	11,70	6,90	»	»	6,59	»	»	3,20	6,45	50	4	3,0	»	2	1,300	0,800	64	198	Direct. pisne.
35	Impérat.-Eugénie.	1857	La Cloiat...	La Cloiat...	100	1505	3300	1551	82,50	11,70	9,90	»	»	5,10	35,00	13	4,30	6,90	67	3	2,5	0,5	2	1,94	1,350	33	304	Trunk. engr.
36	Tigre.	1857	La Cloiat...	La Cloiat...	»	»	3700	1950	106,10	14,70	9,20	»	»	6,19	53,31	»	4,56	6,90	85	0	7,5	0,6	2	1,21	1,020	52	705	Trunk. engr.
37	Mella.	1851	Richardson...	Stephenson...	190	447	»	280	90,00	11,55	5,17	0,5	»	»	9,70	70	»	8,42	»	2	Bascule.	0,5	0	»	»	»	257	V. légende.

1253. Tableau S (2me partie), petits transports à hélice (voy. n° 1262).

Numéros d'ordre.	NOMS DES NAVIRES.	Année de la construction.	CONSTRUCTEURS DE LA COQUE.	CONSTRUCTEURS DE LA MACHINE.	FORCE nominale.	FORCE réelle (75 km).	DIMENSIONS Déplacement.	Tonnage.	Longueur.	Largeur.	Creux.
					ch.	ch.	ton.	ton	m.	m.	m.
1	Falcon	»	Steel	Caird	50	»	»	280	37,00	7,00	4,23
2	Erin's Queen	1851	Hoey	Caird	45	»	»	282	40,20	6,40	3,50
3	European	1850	Smith et	Rodger	100	»	»	443	52,11	7,24	4,35
4	Apollo	1850	Smith et	Rodger	100	»	»	820	57,00	8,20	4,27
5	Mars	»	Smith et	Rodger	100	»	»	825	56,42	9,27	4,81
6	Times	»	Napier	Napier	50	»	»	300	48,19	6,12	4,11
7	Swaaland	»	Napier	Napier	100	»	»	370	54,19	7,64	4,12
8	Santander	»	Wingald	Napier	100	»	521	249	46,10	6,50	4,40
9	Humming Bird	1846	Napier	Napier	80	»	»	136	40,70	5,49	2,75
10	Monumental City	»	*** (Amérique)	Murray	160	»	»	»	56,42	9,15	4,57
11	Palmetto	»	Robb	Reeder	»	»	»	750	56,73	9,15	5,49
12	Camerton	»	Napier	Napier	102	»	»	528	52,19	7,83	4,27
13	Arno	»	Reid	Thompson	150	»	»	580	55,00	8,03	5,03
14	Dwarf	1843	Rennie	Rennie	90	216	»	165	39,60	4,90	2,74
15	Larriston	»	»	Napier	180	»	900	567	51,25	7,50	4,80
16	L. Eglington	»	»	Napier	150	»	1000	»	57,30	7,65	4,80
17	Bosphorus	»	Hare	Maudslay	80	»	»	550	53,20	7,30	4,86
18	Fairy	1845	Ditchburn	Penn	120	364	»	312	43,40	6,32	2,95
19	Avon	1844	»	Stothert	45	»	»	100	33,31	4,73	»
20	Rassed-Kheir	»	Joyce	Joyce	80	311	»	240	45,60	5,50	3,70
21	Corso	1843	Normand	Barnes	120	134	374	»	45,00	6,30	2,57
22	Faon	»	Normand	Penn	120	»	188	»	40,00	6,10	3,10
23	Bidassoa	1854	«	S. Bourdon	45	»	»	»	31,00	5,20	2,75
24	Stéphanie	1853	Guibert	Gâche	55	»	»	250	»	»	»
25	Province-d'Alger	1852	Reynaud	Reynaud	80	»	»	420	39,60	7,60	4,24
26	Baltique	1857	Malo	Inglis	80	120	»	300	45,00	6,80	»
27	Pont-Audemer	1857	Nillus	Nillus	22	»	120	30	25,80	5,00	2,50
28	Amiral-Duperré	1860	Turpain	Nillus	30	»	195	100	28,00	5,00	4,00
29	Hélice n° 1	»	Normand-Baudu.	Mazeline	25	»	»	120	41,00	5,60	3,10
30	Express	»	Ateliers Cavé	Ateliers Cavé	35	»	»	»	41,00	5,40	2,80
31	***	1855	Guibert	Gâche	20	»	»	150	»	»	»
32	Étoile	1847	Dubied	Dubied	16	»	»	»	25,00	4,70	»
33	Boat n° 2	1860	Atel. Ringrend.	Jushau	12	»	»	40	18,30	3,65	»
34	Minx	1845	Symond (ing.)	Miller	100	231	»	300	39,30	6,40	»
35	Minx (modifié)	1849	Symond (ing.)	Seaward	10	32	»	300	39,30	6,40	»
36	Bée	1842	Symond (ing.)	Maudslay	10	»	»	43	19,15	3,60	»

Numéros d'ordre.	DE LA COQUE. Tirant d'eau en avant.	Tirant d'eau en arrière.	Tirant d'eau moyen	Section immergée.	Vitesse.	HÉLICE. Diamètre.	Pas.	Nombre de tours.	Nombre d'ailes.	VAPEUR. Pression absolue.	Introduction.	PISTONS. Nombre.	Diamètre.	Course.	Nombre de tours.	Surface de chauffe.	SYSTÈME DES Machines.
	m.	m.	m.	m.q.	nds	m.	m.			atm.			m.	m.		mq	
1	3,12	3,95	»	28,90	9,0	2,69	»	77	»	Basse.	»	2	0,900	0,610	77	»	Dir. vert. r.
2	2,90	3,51	»	18,42	8,0	2,13	2,74	72	2	Basse.	»	2	0,550	0,610	72	»	Dir. balanc.
3	3,35	4,27	»	»	13,0	2,79	3,66	105	3	1,33	»	2	1,016	0,915	42	»	Eng. clocher
4	»	»	»	»	»	2,70	»	»	2	»	»	2	1,016	0,915	»	»	Id.
5	3,96	4,27	»	31,36	9,6	3,10	3,57	115	2	Basse.	»	2	1,016	0,915	46	»	Id.
6	4,90	5,31	»	»	11,6	2,74	3,35	»	2	Basse.	»	2	0,750	0,760	50	»	Engr. vertic.
7	3,20	3,50	»	22,57	8,7	2,30	2,74	164	3	Basse.	»	2	1,010	1,067	42	»	Engr. bal. s.
8	2,60	2,75	»	16,70	11,0	2,44	3,55	»	3	Basse.	»	2	1,016	0,915	36	»	Eng. vert. d.
9	2,13	2,29	»	10,89	13,0	1,00	»	»	3	2,00	»	2	0,900	0,915	»	»	Eng. Woolf.
10	2,74	3,06	»	28,80	5,0	3,60	7,52	42	4	2,00	»	2	1,110	0,915	42	278	Dir. pilon.
11	»	»	»	20,00	»	3,51	7,17	»	»	»	»	2	1,116	1,018	»	»	Clocher.
12	2,90	3,05	»	20,54	»	2,135	2,74	»	3	1,5	»	2	1,016	1,070	40	»	Engr. bal. s.
13	3,66	4,57	»	»	10,7	3,76	»	60	2	»	»	2	1,295	0,838	60	»	Dir. pilon.
14	»	»	1,67	»	10,5	1,72	2,43	188	2	3,0	»	2	1,010	0,400	35,5	»	Engr. vertic.
15	»	»	4,05	31,00	11,0	»	»	»	»	»	»	2	1,205	1,060	»	»	»
16	»	»	4,03	33,00	12,0	»	»	»	»	»	»	2	1,125	1,060	23	»	Engr. oscill.
17	2,05	2,90	»	»	8,0	3,20	5,82	62	»	»	»	2	0,900	0,608	62	»	Dir.
18	»	»	1,82	7,38	15,3	1,57	2,42	240	2	2,5	»	2	0,840	0,915	48	»	Engr. oscill.
19	1,83	2,30	»	»	12,0	»	»	150	»	Haute	»	»	»	»	150	»	Dir. locom.
20	»	»	1,97	»	14,0	1,97	2,19	210	2	»	»	2	0,950	0,750	42	»	V. légende.
21	2,25	3,00	»	13,70	9,7	2,81	3,05	115	4	Basse.	»	2	1,143	1,080	26,5	»	Eng. clocher
22	1,82	2,06	»	7,02	13,0	»	2,70	210	2	2,0	»	2	0,850	0,900	42	»	Engr. oscill.
23	»	»	2,10	8,50	8,0	2,00	3,80	94	4	3,5	»	1	0,830	0,500	94	56	Engr.
24	»	»	»	»	8,0	2,40	»	64	4	2,5	0,62	2	0,640	0,560	64	»	Dir. (fig 87)
25	»	»	»	»	»	»	»	115	»	3,0	0,40	1	0,640	0,800	35	105	Engr. oscill.
26	3,00	3,30	»	»	10,0	»	»	66	3	2,5	»	2	0,800	0,700	66	»	Dir.
27	»	»	1,50	5,50	8,0	1,25	1,52	200	2	2,5	0,60	2	0,450	0,400	80	24	Eng. vert. r.
28	»	»	2,20	10,00	10,0	1,30	2,50	120	»	2,5	»	2	0,450	0,400	120	»	»
29	»	»	2,00	2,10	»	1,20	2,10	120	4	3,0	»	2	0,440	0,440	80	40	Eng. vert. r.
30	»	»	1,30	»	»	2,10	3,00	80	5	3,0	0,60	2	0,470	0,470	80	60	Dir. oscill. r.
31	»	»	»	»	7,0	»	»	140	»	2,0	0,50	2	0,400	0,320	140	»	Dir. (fig. 87)
32	»	»	1,00	3,20	»	1,60	3,40	80	»	2,0	0,75	1	0,305	0,300	80	»	V. légende.
33	»	»	»	»	6,0	0,904	1,22	120	»	4,5	»	2	0,178	0,457	120	»	Dir. oscill.
34	»	»	1,58	7,61	9,2	1,36	1,52	254	»	»	»	2	0,550	0,670	63	125	Engr.
35	»	»	1,53	7,01	4,5	1,52	1,11	140	»	Haute	»	1	»	»	140	»	Diag. dir.
36	»	»	1,30	2,52	7,3	0,91	1,13	240	»	2,0	»	1	0,500	0,300	48	»	Engr. bal.

1254. Tableau T (1ʳᵉ partie), comparatif de vaisseaux de guerre à hélice (voy. n° 1263).

Numéros d'ordre.	NOMS des NAVIRES.	DÉSIGNATION des NAVIRES.	Année de la construction.	CONSTRUCTEURS: DE LA COQUE.	DE LA MACHINE.	FORCE nominale.	réelle (1263).	DIMENSIONS Déplacement.	Longueur.	Largeur.	DE LA COQUE. Creux.	Tirant d'eau en avant.	en arrière.	moyen.	Section immergée.	Vitesse.	HÉLICE. Diamètre.	Nombre de tours par minute.	Nombre d'ailes.	VAPEUR. Pression.	Introduction.	PISTONS. Diamètre.	Course.	Nombre de tours par minute.	Surface totale de chauffe.	SYSTÈME DES Machines.
						ch.	ch.	ton.	m.	m.	m.	m.	m.	m.	mq.	nœ.	m.			atm.		m.	m.		mq.	
1	Bretagne	Vaisseau français (130 can.)	1855	Ch.de Brest.	Atel. d'Indret.	1200	»	6466	81,06	18,03		8,30	13,30	14,0	6,79	9,51	41	4	2,5	»	4	1,80	1,30	44	1950	Horiz. dir.
2	Napoléon	Id. (90 can.)	1852	Ch.de Toulon	Atel. d'Indret.	960	1472	5051	71,25	16,90		7,53	88,30	13,9	6,80	5,38	53	»	2,6	0,3	2	2,45	1,62	26	1271	Horiz. ongr.
3	Id. (modèle)	Id.	1859	Id.	Marine	960	»	5051	71,25	16,90		7,53	98,10	»	»	»	45,5	5,5	»	2	2,45	1,37	48,5	1267	Horiz. dir.
4	Charlemagne	Id.	1849	Id.	Atel. Cloat...	450	630	4124	62,59	16,91		8,15	7,14	7,75	»	92,00	9,5	1,00	1,06	55	»	2	2,00	0,9	1,30	910	Id.
5	Wagram	Id.	1854	»	Al.DuCreuzol	650	»	1450	69,00	19,30		13,70	94,55	»	8,40	8,79	61	»	2,0	0,1	»	1,14	1,29	44	910	Id.
6	Eylau	Id.	1856	Ch.de Toulon	Cavé	900	»	»	60,00	17,00			7,30	»	»	5,48	5,96	30	»	2,5	0,7	4	1,65	1,06	58	1444	Horiz. dir.
7	Jean-Bart	Id.	1852	»	Atel. d'Indret.	450	»	»	62,06	16,20		7,40	92,45	18,0	5,00	7,10	52	2	2,6	0,3	4	1,30	0,96	42	»	Id.
8	Algésiras	Id.	1855	Ch.de Toulon	Atel. Toulon.	900	»	»	3767	71,22		7,95	102,00	»	5,05	9,09	48	»	7,5	0,7	4	2,17	1,05	12	1440	Horiz. dir.
9	Tourville	Id.	»	Atel. de Brest.	Mazeline....	650	»	»	4455	61,49		»	»	»	5,80	9,08	45	»	3,0	»	4	1,47	1,20	45	440	V. légende.
10	San-Jacinto	Vaisseau mixte américain.	1847	»	»	782	»	»	63,58	11,90		7,17	»	6,11	43,00	8,5	4,42	9,89	»	»	»	4	1,50	1,27	34	417	Diag. ongr.
11	Flibany	Vaisseau mixte russe...	»	»	Napier......	440	»	»	64,20	15,45		8,45	»	6,90	84,71	»	»	»	»	Basse	»	2	1,80	0,75	»	»	Horiz. dir.
12	Gen.-al-Amiral	Id. (92 can.)	»	»	Atel. Novelty.	700	2080	»	92,10	16,50		10,20	»	7,20	»	»	5,13	9,43	63	»	2,5	0,3	2	2,17	0,21	57	1822	Horiz. dir. hélice en noix.
13	Duke-of-Wellington	Vaisseau angl. (130 can.)	»	Symonds (ing.)	Napier......	770	1960	5120	73,70	18,30		10,30	7,07	7,78	»	103,00	10,2	6,47	4,90	00	2	»	2, 2,35	1,36	59	»	Horiz. ongr.
14	Agamemnon	Id. (92 can.)	»	»	Penn......	510	1964	4730	76,19	17,00		»	7,00	7,20	»	97,10	11,4	5,49	2,78	65	2	»	2, 1,10	1,06	63	»	Trunk. dir.
15	St Jean-d'Acre	Id. (100 can.)	»	»	Penn......	600	2133	5340	75,58	16 59		»	6,09	7,19	»	95,70	11,2	5,43	0,95	62	2	»	2, 1,75	1,03	62	»	Id.
16	Ajax	Id. (74 can.)	1845	»	Maudslay...	450	878	»	53,68	14,50		»	»	6,63	71,12	6,5	4,36	5,36	42	2	2,5	»	4	1,40	0,72	42	»	Horiz. dir.
17	Blenheim	Id.	1845	»	Secaward..	450	938	»	55,25	14,50		»	»	0,51	77,12	5,8	4,68	6,46	43	2	2,7	»	4	1,32	0,91	43	»	Id.
18	La Hogue	Id.	1848	»	Secaward..	450	797	»	55,15	14,75		»	»	6,63	70,00	7,5	4,9	6,44	50	2	2,7	»	4	1,20	0,97	50	»	Id.
19	Sans-Pareil	Id.	1848	»	Penn......	350	»	»	61,15	13,55		»	»	6,92	85,47	»	5,17	7,89	55	2	»	»	4	1,10	0,75	55	»	Id.
20	Nabob	Id.	»	Fincham(ing.)	Watt......	560	3023	5055	78,63	15,55		7,72	8,26	»	103,60	11,5	5,17	7,89	57,5	2	2,5	»	2	2,07	1,77	57,5	»	Id.
21	R.Sovereing	Id.	»	»	»	560	2796	4002	73,41	18,26		5,77	0,08	»	72,75	12,5	5,79	8,35	54	»	2,5	»	2	2,07	1,22	54	»	Id.
22	Revenge	Id.	»	»	»	560	3078	4444	14,49	16,52		0,90	7,30	»	85,00	11,4	5,77	7,92	54	»	2,5	»	2	2,07	1,22	54	»	Id.
23	Brunswick	Id.	»	»	»	800	3516	4425	85,13	18,70		8,08	6,07	»	96,98	13,4	6,06	7,60	61,5	»	2,5	»	2	2,07	1,21	61,5	»	Id.
24	New-Castle	Id.	»	»	»	600	2455	3651	74,00	13,31		4,77	6,09	»	14,45	13,2	5,43	7,80	50	»	2,5	»	2	1,89	1,06	50	»	Id.
25	Algésiras	Id.	»	»	»	560	2818	3564	65,49	18,78		5,96	6,69	»	15,34	10,2	5,45	7,92	57	»	2,5	»	2	1,94	1,06	57	»	Id.
26	Prince of Wales	Id.	»	»	»	800	3592	4130	76,63	18,78		5,41	0,94	»	73,00	12,6	5,79	5,85	57	»	2,5	»	2	2,07	1,29	57	»	Id.
27	Warrior	Vaisseau blindé ang.(41)	»	Ch.de Tamise	Penn......	1250	»	8905	119,57	17,00		12,50	6,03	7,25	»	»	14,0	7,30	»	55	2	2,5	0,50	2	2,33	1,22	55	»	Dir. trunk.
28	Achille	Id.	1860	Ch.de Chatam	Penn......	1250	»	9050	119,52	18,23		12,50	»	7,05	»	»	»	»	»	51	2	2,6	0,50	2	2,63	1,72	53	»	Id.
29	Royal-Albert	Id.	1861	»	Penn......	1000	»	6040	83,00	17,03		»	»	»	»	»	»	»	»	»	»	»	»	»	»	»	»

1255. Tableau T (2ᵉ partie) comparatif de frégates,

corvettes et avisos à hélice (addition au n° 1264).

Numéro d'ordre	NOMS des NAVIRES	DÉSIGNATION des NAVIRES	Année de la construction	CONSTRUCTEURS de la COQUE	de la MACHINE	FORCE nominale	réelle (75 kil.)	DIMENSION Déplacement	Longueur	Largeur	DE LA COQUE Creux	Tirant d'eau en avant	en arrière	moyen	Section immergée	Vitesse	HÉLICE Diamètre	Pas	Nombre de tours par minute	Nombre d'ailes	VAPEUR Pression	Introduction	PISTONS Nombre	Diamètre	Course	Nombre de tours par minute	Surface de chauffe totale	SYSTÈME des MACHINES
1	Pottler	Frégate angl.	1843	Symond (ing.)	Maudslay	330	426	894	53,83	8,97	6,35	3,56	8,94	»	10,61	10,03	3,35	104	»	3,35	»	4	1,06	1,22	37	»	W. légende	Dir. hor. biel.
2	Amphion	Frégate angl.	1847	»	Miller	300	591	2049	54,50	13,17	»	8,12	31,09	6,73	6,63	6,408	4,3	74	»	4,7	»	4	1,202	1,29	43	»	Dir. hor. biol.
3	Niagara	Frégate angl.	1846	Fairbairn	Rennie	350	925	2045	53,13	11,54	7,80	4,80	5,40	»	45,73	10,51	4,86	74	»	1,5	»	4	1,04	0,61	74	»	Dir. hor. loc.
4	Termagant	Frég. ang. 24 c.	1849	Watt	Brayard	600	125	2312	61,00	13,35	6,00	»	6,10	58,50	3,0	4	4,37	68	2	1,5	»	4	1,33	1,06	38	»	Eng. hor. loc.
5	Arrogant	Frég. ang. 40 c.	1849	Fincham(ing.)	Penn	360	625	2696	61,00	13,90	»	»	6,10	»	»	4,37	»	2	2	0,75	2	1,40	0,915	64	»	Dir. trunk.
6	Dauntless	Frégate angl.	1846	Fincham(m.)	Napier	580	810	2049	63,00	12,60	»	4,00	47,00	7,96	4,14	5,40	55	»	2	»	2	1,15	1,21	24	»	Biel. horiz.
7	Id. (modifié)	Frégate angl.	1850	Fincham(ing.)	Napier	580	1219	2424	68,31	12,00	»	4,00	47,00	10,36	4,49	5,40	68	»	2,7	»	2	1,15	1,21	30	»	Eng. (modif.)
8	Victoria	Frégate angl.		»	Penn	1000	4200	5083	72,00	15,94	5,00	4,30	51,00	12,1	5,08	7,30	69	»	2,5	»	2	2,30	1,22	40	»	»
9	Mersey	Frég. ang. 40 c.	1858	Portsmouth	Penn	1000	4200	3503	71,00	15,74	»	6,25	5,70	»	12,5	6,02	8,70	55	»	2,5	»	4	2,54	1,22	55	»	»
10	Howe	Frégate angl.	1859	»	»	1000	4304	4419	75,00	15,58	»	6,92	7,00	»	66,84	13,56	6,08	8,51	37	»	2,3	»	2	2,51	1,12	37	»	»
11	Orlando	Frég. ang. 50 c.	1858	Pembroke	Penn	1000	4700	3797	102,41	15,80	6,58	6,70	»	»	13	6,08	9,60	60	»	3,5	»	2	1,22	1,00	»	»	»
12	Simoon	Transp. angl.	1851	Napier	Watt	350	545	2189	74,63	17,50	5,47	4,86	5,86	»	52,68	5,71	»	»	52	»	0,7	»	4	1,10	0,162	90	»	Dir. hor. osc.
13	Liverpool	Frég. ang. 51 c.	1861	Plymouth	Humphry	800	2500	»	71,44	13,90	3,21	»	4,57	41,79	9,60	4,57	1,96	75	»	»	»	2	»	»	33	»	Dir. hor. loc.
14	Greenock	Frégate angl.	»	Scott et Sinclair	Scott et Sinclair	361	719	1960	66,60	11,40	»	»	3,49	9,84	»	2,5	»	»	»	»	»	Dir. trunk.
15	Phœbe	Frég. ang. 51 c.	1851	»	Napier	500	4100	»	72,96	13,65	6,70	»	5,86	»	4,50	0,00	38	1,1	»	2	1,11	1,17	38	204	Dir. decler.
16	Pomone	Frég. fran. 46 c.	1845	Lorient (ch.)	Maudslay	270	»	»	53,00	13,00	2,15	»	3,30	52,63	»	4,80	5,00	53	4	0,6	0,90	4	1,68	0,80	53	207	Dir. hor. loc.
17	Isly	Frégate franç.	1851	Toulon (ch.)	Cave	450	»	»	2707	70,19	13,24	3,96	1,12	»	»	5,10	40,00	43	6	2,5	»	4	1,52	1,16	47	270	Dir. hor. biel. ou retour.
18	Souveraine	Frég. franç. 56 c.	1851	Lorient (ch.)	Mazeline	500	»	»	2198	72,60	14,72	7,00	5,19	5,40	»	49,11	»	6,00	5,85	55	3	3,0	0,25	2	1,075	0,75	56	»	Dir. trunk.
19	Vict.-Emmanuel	Frégate sarde	1854	Mare	Rennie	260	550	1880	73,50	11,86	6,00	»	3,65	34,33	10,25	3,05	4,57	90	»	0,15	»	4	1,40	0,085	90	»	Dir. trunk.
20	Rocquester	Sloop ang. 14 c.	1849	Fincham(ing.)	Penn	340	672	1464	41,85	10,43	»	»	»	»	»	»	»	»	»	»	»	Eng. hor. loc.
21	Conflict	Corv. anglaise	1851	Woolwich (ch.)	Seaward	400	777	1626	55,35	10,41	»	»	4,60	41,10	3,29	4,77	3,92	65	»	»	4	1,132	0,61	68	»	Dir. horiz.
22	Desperate	Corv. angl. 8 c.	1851	Pembroke (ch.)	Maudslay	400	592	»	55,71	10,47	»	»	4,00	41,10	3,41	3,96	4,27	75	»	0,56	»	4	1,397	0,662	34	101	Eng. horiz.
23	Niger	Corv. ang. 13 c.	1846	Long (ing.)	Maudslay	400	910	1454	53,36	10,09	»	»	4,72	50,50	10,42	3,40	5,30	75	»	2,7	»	4	1,39	0,56	75	534	Dir. horiz.
24	Rifleman	Corv. angl.-ec.	1847	Fincham(ing.)	Miller	300	548	924	45,35	9,41	»	»	3,33	30,31	8,00	3,44	2,74	100	»	2,7	»	4	1,152	0,915	40	»	Eng. horiz.
25	Id. (modifié)	Corv. anglaise	1846	Fincham(ing.)	Miller	100	152	»	45,75	9,41	»	»	3,58	28,24	8,11	2,44	3,74	110	»	»	2	0,85	0,338	44	»	Dir. vert.
26	Caton	Corv. française	1848	»	Abl. Creusot	200	»	»	51,00	9,21	5,55	»	»	72,29	»	»	»	»	»	»	Eng. oscil.
27	Roland	Corv. française	1852	Toulon (ch.)	Mazeline	400	630	1206	53,50	10,45	6,70	4,00	4,50	57,60	3,74	4,60	75	»	2,0	0,10	4	1,90	1,00	42	446	H. hor. h. au r.
28	Prométhée	Corv. fran. 8 c.	1852	Nantes	Cavé	400	»	1436	50,00	11,40	6,70	4,00	4,00	53,00	4,60	3,96	57	»	0,70	4	1,30	0,90	57	72u	D.hor.h.ou r.
29	Chaptal	Corv. fran. 8 c.	1847	Cavé	Cavé	590	549	1000	58,00	9,33	3,90	»	2,36	24,00	0,71	»	4,70	4	»	0,15	4	1,00	0,75	70	»	Dir. horiz.
30	Orénoque	Aviso français	1849	»	Abl. d'Indr.	120	»	256	40,00	6,80	4,10	3,30	4,53	»	21,00	»	2,99	3,59	56	2	»	0,10	2	0,80	0,95	»	»	Eng. oscil.
31	Biche	Aviso français	1843	Hankcrop(ch.)	Mazeline	170	194	437	33,85	8,61	3,59	»	9,52	12,98	»	1,60	2,13	160	4	»	0,10	2	0,15	0,59	160	196	Dir. hor. loc.
32	Id. (modifié)	Aviso français	1854	Hankcropsch.	Rodot et Cavé	110	»	»	49,00	7,28	3,58	»	2,00	»	1,60	2,25	160	4	»	0,70	4	0,44	0,40	160	106	Dir. hor. loc.
33	L'Éclair	Aviso franç.	1855	Toulon (ch.)	Abl. Creusot	100	»	»	39,00	6,05	5,60	»	1,85	0,50	»	1,72	121	4	»	»	2	0,32	0,20	125	99	Dir. hor. loc.
34	Foudre	Id.	1852	Toulon (ch.)	Bourgon	100	»	»	30,00	6,30	»	»	»	»	»	»	»	»	»	»	Dir. hor. loc.

1256. Tableau U comparatif de divers bateaux à vapeur

à roues pour rivières (voy. n° 1265).

Numéros d'ordre	NOMS DES BATEAUX DE RIVIÈRE	LIGNE ET SERVICE	Année de la construction	CONSTRUCTEURS DE LA COQUE	DE LA MACHINE	FORCE nominale	réelle (15 km.)	Longueur	Largeur	COQUE Creux	Tirant d'eau moy. en charge	Section immergée	Vitesse en eau morte	ROUES Diamètre	Nombre de tours par minute	Nombre d'aubes	Longueur des aubes	Hauteur des aubes	VAPEUR Pression	Introduction	Nombre	Détente	PISTONS Diamètre	Course	Surface de chauffe par cheval nominal	SYSTÈME DE LA Machine
						ch.	ch.	m.	m.	m.	m.	mq.	km.	m.			m.	m.	atm.				m.	m.	mq.	
1	Fulton	Hudson	1813	Fulton	Wait	30	»	46	6,81	2,70	1,90	10,08	14	4,70	15	8	1,58	0,70	Basse.	»	1	0,914	1,22	»	»	»
2	Livingston	Hudson	1816	Fulton	Fulton	60	»	47,55	10,05	2,70	1,90	16,00	14	5,50	17	8	1,75	0,90	Basse.	»	1	1,016	1,22	»	»	»
3	Clémence-Isaure	Garonne (voy.)	»	Jollet	»	74	»	36,00	3,02	2,00	0,50	1,49	17	2,70	42	12	1,65	0,35	9,0	»	2	0,25	0,90	0,30	Usuel L. vert.	
4	Parisien n° 1	Ile-Seine (voy.)	1845	Cochot père	Cochot père	95	»	30,00	3,30	2,00	0,56	1,55	15	3,50	38	12	0,00	0,40	3,5	0,50	1	0,33	1,70	1,00		
5	Parisien n° 2	Saône (voy.)	1846	Cochot frères	Cochot frères	170	»	67,00	4,00	2,75	0,80	3,30	22	4,81	34	14	2,50	0,45	1,5	0,80	2	1,25	1,00	1,70	Locom. à 45°.	
6	Parisien n° 4	Rhône (voy.g.v.)	1851	Cochot frères	Cochot frères	240	»	50,00	4,15	2,10	0,80	3,31	24	5,50	34	14	3,00	0,50	1,5	0,70	2	1,45	1,78	1,70	Lucom. à 45°.	
7	Papin n° 3	Rhône (voy.g.v.)	1842	Rabaud	Rabaud	125	»	50,00	4,00	»	0,70	2,30	76	4,90	36	14	2,70	0,50	4,0	0,80	2	0,80	0,91	1,01		
8	Avt-garde n° 3	Saône (voy.)	1851	Arnaud	Arnaud	60	»	64,00	1,50	»	9,70	2,90	36	»	31	»	3,00	»	3,0	»	2	0,13	0,50	»	Fig. 89.	
9	Avt-garde n° 4	Saône (voy.g.v.)	1852	Arnaud	Arnaud	200	»	50,90	4,00	»	0,80	3,29	»	4,74	36	15	3,00	0,50	8,0	»	2	0,77	1,00	0,01		
10	Hirondelle n° 6	Saône (voy.)	1845	»	Jackson	60	»	60,00	1,50	»	0,70	2,40	59	4,74	34	14	2,00	0,40	5,5	0,80	2	0,69	0,81	1,30	Fig. 89.	
11	Le Furet	Saône (voy.)	»	»	»	»	»	75,00	1,60	6,70	7,90	98	»	4,00	36	»	2,10	0,50	2,5	»	2	0,78	0,56	»		
12	Le Neptune	Basse-Seine (voy.)	1853	Normand et Baudu	Normand et Baudu	150	»	70,00	6,6	2,10	1,70	6,75	91	4,80	36	12	2,00	0,70	7,0	0,33	2	0,16	0,50	0,65	Voir légende.	
13	Le Napoléon	Basse-Seine (voy.)	1854	Cavé	Cavé	130	141	70,00	5,00	»	0,80	»	»	4,00	36	12	2,00	0,50	6,0	0,40	2	0,46	1,86	0,81	Fig. 92.	
14	Le Vélot	Saône (voy.g.v.)	1854	Cavé-y	Cavé-y	»	194	90,00	4,15	»	0,80	»	22	5,00	34	14	2,50	0,40	4,0	0,13	2	0,96	0,96	1,15	Voir légende.	
15	Express	Rhône (voy.g.v.)	1853	Garsonne	Garsonne	450	450	92,00	4,10	2,50	0,65	3,00	34	5,50	35	14	3,50	0,40	5,0	0,25	2	1,08	4,00	0,50	Voir légende.	
16	Fibre	libre (voyag.)	1855	At. du Creusot	At. du Creusot	80	»	42,00	1,80	2,30	»	»	40	4,0	»	0,45	5,0	0,75	2	0,98	1,00	1,17	Fig. 96.	
17	Saint-Georges	Remorqueur	1850	Cavé	Cavé	70	»	43,00	4,40	2,40	0,57	»	13	4,24	39	16	2,15	0,50	3,5	0,56	2	0,85	1,32	1,35	Oscill. vis-à-vis.	
18	Arane	Bas-Rhône	»	Serang	Serang	150	»	»	1,80	3,00	0,90	4,40	»	4,21	36	17	2,82	0,66	3,0	0,10	2	1,14	1,44	1,11	Id.	
19	Feierholf	Rhône I.nav.	1850	Marc	Renale	»	502	26,10	1,43	»	1,20	»	19,6	4,85	38	14	2,40	0,61	6,0	»	2	1,16	1,56	»	Oscill. Penn.	
20	Vienous	Rhône (voy.)	1859	Chapuy	Galeri	45	»	41,00	2,10	»	0,80	7,15	14,0	3,00	34	17	2,40	0,40	6,0	»	2	0,77	0,80	1,00	Locom. à 45°.	
21	L'Aigle	Rhône (march.)	»	At. du Creusot	At. du Creusot	380	»	100,00	7,00	»	1,35	2,18	»	5,16	56	8	4,00	0,51	3,0	»	2	1,35	2,29	1,89	Fig. 96.	
22	L'Oudro	Rhône (march.)	1845	At. du Creusot	At. du Creusot	170	»	40,00	6,70	2,10	1,25	5,98	»	4,70	50	»	3,36	0,44	3,0	»	2	1,25	2,55	1,22	Id.	
23	Le Mississipi	Rhône (march.)	1846	At. du Creusot	At. du Creusot	200	»	75,00	6,20	2,10	1,25	7,24	»	5,90	50	»	3,36	0,51	3,0	»	2	1,30	2,50	1,00	Id.	
24	Id. (allongé)	Rhône (march.)	1856	At. Benardel	At. Benardel	325	»	135,00	6,20	2,10	1,35	7,84	»	5,95	50	»	3,36	0,51	3,5	»	1	1,50	2,50	»	Balanciers latéraux.	
25	Le Mogador	Rhône (march.)	1853	At. d'Oullins	At. d'Oullins	80	»	109,00	6,00	»	0,90	4,56	»	6,00	50	»	2,30	0,58	3,0	»	2	0,53	1,00	»	Id.	
26	L'Océan	Rhône (march.)	1845	At. du Creusot	At. du Creusot	360	»	130,00	6,30	5,00	1,25	7,85	12	8,03	28	16	3,00	0,00	3,0	0,30	1	1,88	2,00	»	Fig. 96.	
27	Id. (allongé)	Rhône (march.)	1852	At. Benardel	Benardel	»	390	153,00	6,30	2,90	1,25	7,96	19	8,05	26	16	2,40	0,60	3,0	0,00	1	1,805	2,60	»	Oscill. Penn.	
28	Papin n° 8	Rhône (march.)	1854	At. du Creusot	At. du Creusot	360	»	143,00	7,50	5,00	1,30	11,10	19	6,00	26	14	4,00	0,00	3,5	0,25	1	1,00	2,35	0,67	Id.	
29	Papin n° 10	Rhône (march.)	1854	At. du Creusot	At. du Creusot	260	»	»	5,90	1,76	1,20	7,40	20	4,16	23	»	3,5	0,00	1	1,80	7,50	1,04	Id.	
30	François-Joseph	Danube (voy.)	1851	Chr d'Autriche	Reinait	»	»	65,00	8,05	3,00	1,35	7,60	20	»	»	14	2,40	0,41	»	»	2	0,53	1,05	»	Oscill. Penn.	
31	Romadar	Hudson (voy.)	1850	Thomas Colyer	Thomas Colyer	300	»	»	»	»	1,00	11,08	26	10,72	22	15	9,53	0,70	Haute.	»	1	1,41	3,65	»	Fig. 96.	
32	Atlantic	»	»	»	»	»	1000	82,97	10,05	»	»	»	»	»	»	»	»	»	»	»	1	1,575	3,35	»	Id.	
33	Aug-Flowers	»	»	»	Lupton et Hogg	Lupton et Hogg	»	1200	87,85	10,80	»	»	»	»	»	»	»	»	»	»	»	1	1,834	3,35	»	Id.	
34	American	Hudson	»	»	»	»	»	129,80	10,80	2,50	»	»	31	»	»	»	»	»	»	»	1	1,00	3,05	0,87	Id.	
35	Rochester	Hudson	»	»	»	430	»	94,00	7,37	»	1,22	8,02	22	7,32	27	»	3,04	»	4,0	0,50	1	1,09	3,04	»	Id.	
36	New-World	Mississipi	»	»	»	»	»	112,70	10,51	»	1,67	10,00	96	»	17	38	3,65	0,85	2,5	»	1	»	4,07	»	Fig. 96.	
37	New-World	Hudson	1852	»	Secord	»	400	2951	121,30	13,45	»	1,37	19,40	»	14,70	16	40	4,88	0,90	1,5	0,50	1	1,96	4,56	»	Id.	
38	Memphis	Mississipi	1860	»	»	»	»	103,50	11,55	»	1,22	»	»	9,72	18	»	3,98	»	2,5	»	2	0,63	2,13	0,51	Id.	
39	Chinon	Tamisa (voy.)	1841	»	Penn	24	»	57,50	3,05	»	3,01	»	40	»	1,33	0,25	8,0	»	1	»	»	»	Oscill. Penn.	
40	Waterman	Tamisa (voy.)	1843	»	Penn	37	46	50,00	3,14	2,00	0,80	2,50	»	3,04	40	»	1,81	0,33	8,0	»	2	0,64	0,675	»	Id.	
41	Mazerove	Nav. des canaux	1854	Cavé	Cavé	50	107	45,00	6,30	1,50	1,00	»	»	3,90	18	»	2,40	0,50	5,5	0,66	2	0,50	1,00	1,21	Fig. 96.	

1257. Tableau V comparatif de quarante-cinq machines marines à hélice, construites par MM. Mazeline et Cie.

Numéros d'ordre	Date de la construction	NOMS DES BATEAUX	Force nominale	Diamètre des cylindres	Course des pistons	Nombre de cylindres	Nombre de tours par m.	CHAUDIÈRES			SYSTÈME DES MACHINES	HÉLICES				DÉSIGNATION des BATIMENTS
								Timbres	Nomb. de corps	Surface de chauffe totale		Nombre de révolutions	Nombre d'ailes	Pas moyen	Diamètres	
1	1844	Pingouin	30	0,48	0,50	2	80	24	1	47,00	Machine oscillante oblique à hélice	30	6	3,80	2,00	Aviso.
2	1844	Homoue	220	1,17	1,17	2	33	17	3	299,00	Système horizontal à hélice	38	4	6,00	4,5	Frégate.
3	1849	Rolland	400	1,20	1,00	4	42	2	4	446,00	Système horizontal dos à dos n hélice	78	4	5,6	3,7	Frégate.
4	1849	Bichetel Sentinelle	120	0,95	0,90	2	56	2	4	150,00	Système horizontal dos à dos à hélice	86	4	5,5	2,9	Corvettes.
5	1849	Kmp. du Iresii	30	0,40	0,40	4	100	4	2	35,00	Machine verticale, 2 hélices et à haute pression	100	2	2,00	1,4	Transport.
6	1851	Primauguet	400	1,20	0,805	2	52	3	1	720,00	Système horizontal, bielles en retour et à hélice	52	5	8,4	4,00	Corvette 1re cl.
7	1855	Hélice nos 1 et 2	20	0,44	0,40	2	120	2	1	50,58	Machine horizontale à 2 hélices	120	4	2,10	1,003	Transp. de la Seine
8	1855	Tourville, etc.	650	1,45	1,20	4	42	2	6	1035,00	Système horizontal, bielles en retour à hélice	42	5	9,6	6,6	Vaiss. mixte 3 r.
9	1855	Seine	100	1,00	0,70	2	60	2	6	177,094	Système Pilon à hélice	60	3	6,00	3,2	Transport.
10	1857	Audacieuse	360	1,52	1,70	4	60	2 1/2	8	1270,00	Syst. hor. bielles en retour à hélice (2 ailes doub.)		2			Frégate.
11	1857	Souveraine	800	1,52	1,10	4	50	2 1/2	8	1270	Système horizontal, bielles en retour à hélice	50	2	10,00	5,10	Frégate 1re cl.
12	1855	Gironde, Meuse, Nièvre, Loire, Durance, etc.	160	1,10	0,75	2	56	2 1/2	2	228,00	Système horizontal, bielles en retour à hélice	56	2	6,2	3,64	Transport de l'État.
13	1858	Monge	250	1,22	0,70	2	75	2 1/2	2	430,00	Idem, 2 ailes triples	75	2	5,00	3,30	Aviso 1re classe.
14	1858	Forbin	250	1,22	0,70	2	75	2 1/2	2	430,00	Idem	76	2	5,00	3,33	Id.
15	1859	Forfait	250	1,22	0,70	2	75	2 1/2	2	430,00	Idem	75	2	5,50	3,58	Id.
16	1859	Cassard	250	1,22	0,70	2	75	2 1/2	2	430,00	Idem	75	2	5,50	3,76	Id.
17	1858	Oryade, etc.	250	1,30	0,80	2	56	2 1/2	2	430,00	Idem		2			Frégate mixte.
18	1855	Entreprenante	250	1,30	0,80	2	56	2 1/2	2	497,00	Idem		2			Frégate mixte.
19	1857	Surcouf, Renaudin et Prégent	150	1,00	0,56	2	80	2 1/2	2	265,00	Syst. hor., bielles en retour à hélice (2 ailes tripl.)	80	2	5,5	2,8	Aviso 2e classe.
20	1859	St-Louis, Bayard, Duguesclin et Donawerth	450	1,65	1,00	2	50	2 1/2	4	785,00	Syst. hor., bielles en retour à hélice		2			Vaisseau mixte.
21	1857	Graville	40	0,60	0,38	2	100	3	2	61,00	Idem, (2 cylindres du même côté)	100	4	3,25	1,75	
22	1858	Drague	70	0,80	0,50	2	90	2 1/2	2	121,00	Syst. horiz. à hélice (2 cylindres du même côté)	90	3	3,00	2,3	Service du Havre.
23	1858	Porteurs	70	0,80	0,50	4	70	2 1/2	2	132,878	Système horizontal à hélice (2 cylindres croisés)	70	4	3,80	2,20	
24	1859	Lamotte Piquet et Cosségon	150	0,95	0,50	2	98	2 1/2	2	244,00	Syst. horiz. à hélice (2 cylindres du même côté)		2			Aviso 1re classe.
25	1859	Cosmopolite	120	0,95	0,50	2	80	2 1/2	2	204,818	Système horizontal à hélice (2 ailes doubles)	80	2	4,10	3,3	
26	1859	Le Napoléon	900	2,08	1,27	4,35	2 1/2	8		1485,00	Syst. hor., bielles en retour à hélice (2 cylindres du même côté)					Valsscau 3e classe.
27	1859	La Normandie et la Couronne	900	2,08	1,27	2	5,33	2 1/2	8	1495	Idem					Frégate blindée.

II. Renseignements additionnels aux tableaux précédents.

1258. ADDITIONS AU TABLEAU Q (1re PARTIE) DES GRANDS
TRANSPORTS A ROUES.

N° 1. *Franklin.* — Premier transatlantique américain ayant fait régulièrement le service de New-York au Havre. Coque en bois; à la ligne d'eau les façons ont environ 14 mètres à l'avant et 6 mètres à l'arrière; étrave légèrement inclinée avec riche poulaine; arrière plat et riche; gréement de trois-mâts-barque; un grand rouf sur le pont sert de salle à manger. Machine à peu près comme celle du *Humboldt* ci-après. Quatre corps de chaudières en un seul groupe, ayant chacun 6 foyers et 5 gros tubes directs de 0m,30 de diamètre. La cheminée a 3 mètres de diamètre et 18 mètres de hauteur totale. Ce bâtiment a péri dans un échouage, après plusieurs années de bons services.

N° 2. *Humboldt.* — Coque en bois assez pleine, étrave droite, arrière en talon de sabot avec peu de surplomb; belle mâture de trois-mâts-barque avec beaupré; misaine de brick à deux vergues; en arrière des tambours sont le grand mât et un artimon de goëlette. Les roues sont placées au 3/5 de la longueur en partant de l'avant; très-beaux emménagements pour passagers, comme dans le *Franklin.* Double machine de Watt à balanciers latéraux, occupant avec l'allée du milieu 8 mètres de longueur, 7 mètres de largeur et 8m,50 de hauteur environ; bâtis très-légers à colonnes et tirants ayant 0m,20 de diamètre; poids de la machine seule, 300 tonneaux; chaudière vides, 200 tonneaux; diamètre d'arbre porte-roues, 0m,40 et 0m,60; paliers: longueur, 1m,10; largeur 0m,60; diamètre de tige du piston, 0m,20; diamètre des bielles motrices 0m,20; diamètre du tuyau de vapeur, 0m,61; chaudières en avant de la machine; en un seul groupe, avec une grosse cheminée ayant 2m,43 de diamètre. Traversée du Havre à New-York, en moyenne 12 jours. Ce bâtiment a fait côte dans un naufrage et s'est perdu après plusieurs années de bons services.

N° 3. *Georgia.* — Coque en bois, arrière elliptique peu dégagé et avec très-peu de surplomb (type connu de l'*Adriatic*), avant élancé en col de cygne sans poulaine ni beaupré, très-longues et très-fines façons-avant. Gréement singulier à quatre mâts, savoir : une grande misaine de brick à deux vergues et un grand mât de goë-lette entre les tambours, qui eux-mêmes sont environ au 3/5 de la longueur à partir de l'avant; derrière ce mât il en existe deux autres de goëlette; sur le pont s'élève une grande dunette pontée allant jusqu'à la misaine. Machine à balanciers latéraux très-solide avec distribution américaine à clapets; chaudières tubulaires améri-caines à gros tubes directs et en retour, de 16 et 18 pouces de dia-mètre. Quatre corps formant deux groupes à chaque bout de la machine avec leur cheminée respective. Chaque corps a 34 tubes et 4 foyers de 8 pieds sur 3 pieds. Voir dans Tredgold la descrip-tion détaillée de la machine et des chaudières, et dans le *Traité des constructions marines de* Griffith un dessin extérieur de la coque.

N° 4. *Washington.* — Pas de renseignements.

N° 5. *Pacific.* — Un des plus splendides transatlantiques de l'ancienne Compagnie Collins, construit à New-York sur les plans de l'ingénieur Copeland; il a disparu corps et biens sans laisser de nouvelles, après un assez court service; récemment on a su qu'il avait été coulé par une banquise. Coque en bois avec charpente de fer, contenant trois ponts. Arrière plat, formes élé-gantes, marchait très-bien à la voile. Sa machine, à balanciers la-téraux, de forme gothique et très-chargée d'ornementation, était un splendide monument, d'une très-remarquable exécution; elle a donné jusqu'à 2500 chevaux de force réelle; elle est décrite et figurée dans Tredgold. Ses chaudières avaient 34 foyers.

N° 6. *Baltic.* — Même type que le précédent, avec quelques modifications de détail.

N° 7. *Fulton.* — Transatlantique américain de New-York au Havre. Coque en bois, poupe ronde très-élégante, étrave droite au-dessus de l'eau; avant fin, évasé dans le haut et sensiblement relevé. Trois étages; sous le premier pont supérieur est la salle à manger, les offices et les chambres de première classe, qui se pro-longent dans presque toute la longueur. A l'étage inférieur sont le salon, la continuation des chambres de seconde classe et d'équipage. Il y a 280 lits de voyageurs, un salon pour les dames, des bains, cabinets de toilette, etc. Sur le pont il existe un grand rouf entre les roues contenant les chambres d'officiers, et un autre rouf court à l'arrière, servant de vestibule aux salons et de fumoirs. A l'extérieur il y a deux rangs de hublots à lentilles pour l'éclairage des ponts; mâture de brick, sans beaupré. Machine oscillante à 2 cylindres vis-à-vis, très-solide bâti triangulaire en grosse tôle rivée formant caisse quadrangulaire de $0^m,40$ de côté; les deux manivelles sont sur le même tourillon dans le même angle; l'arbre porte-roues est au-dessus du deuxième pont des chambres; distribution à clapets, différente pour l'entrée et la sortie, mais placé à côté les uns des autres aux deux bouts du cylindre; condenseur à surface du système Pirsson, ayant une surface totale de 676 mètres carrés; leurs pompes sont verticales et prennent leur mouvement par un levier et une grande bielle sur le tourillon des manivelles; deux chaudières, à chaque bout de la machine; elles ont chacune leur cheminée avec six foyers sur deux étages de la même façade transversale. Les grilles ont 7 pieds de longueur sur 4 pieds de largeur, soit en tout 31 mètres carrés de surface de grille. Ces chaudières sont d'un système tubulaire particulier à deux retours de tubes. Les soutes sont latérales et se prolongent sur les côtés des machines et chaudières, occupant ensemble un tiers de la longueur au-dessous du pont de cale.

Ce steamer et l'*Arago*, qui offre avec lui quelque différence, notamment dans la forme inclinée de l'étrave, font depuis cinq ans leur service avec une remarquable rondeur de marche; son équipage est de 88 hommes, dont 13 chauffeurs, 15 soutiers, 3 graisseurs et 4 mécaniciens.

N° 8. *Vanderbilt*. — Un des plus beaux bâtiments du monde, coque en bois à formes fines, sensiblement égales à la ligne d'eau, occupant à peu près un tiers de la longueur à chaque extrémité; étrave droite et sans poulaine, arrière arrondi en talon de sabot et assez plein; une seule ligne de préceinte au niveau du pont supérieur; à l'intérieur, 6 cloisons étanches, 1 faux pont et 3 ponts, plus une vaste dunette pontée et entourée d'un garde-corps à balustres d'un aspect lourd; tambours très-élevés; emménagements intérieurs très-splendides. Machine du type américain de Watt, à balancier supérieur (à peu près comme la figure 90), bâtis en bois; ses dimensions sont pour les deux machines, avec le passage de service : longueur, 12 mètres ; largeur, 6m,50 ; hauteur, 19 mètres ; celle-ci dépasse notablement les tambours; le bâtiment est pourvu d'un condenseur à surface ; consommation de combustible très-réduite ; la force mominale, estimée à bord 1200 chevaux, n'est que de 960 chevaux, d'après la formule française ; chaudières tubulaires américaines à gros tubes, quatre corps en deux groupes, l'un à l'avant, l'autre à l'arrière de la machine, les foyers se regardent et ont l'allée de chauffe entre eux, avec un réchauffeur d'eau et un réservoir de vapeur. Aux dimensions du tableau nous ajouterons celles-ci : longueur totale de la coque sur le pont, 101m,84 ; hauteur totale, jusqu'au pont de la dunette, 13m,30; contenance des soutes, 1500 tonnes de houille. Les roues sont à aubes fixes d'une seule pièce, 14 aubes trempent ensemble en charge sur chaque roue; les réservoirs à vapeur ont 7890 litres, les cheminées ont 2m,20 de diamètre ; le diamètre de l'arbre porte-roues est 0m,65, celui des tiges de pistons 0m,24, celui du conduit de vapeur 0m,70 ; les cylindres pèsent 17 tonnes; avec 18 tours de roue et une consommation de 100 tonnes de houille pour 24 heures, on a filé 14 nœuds; l'équipage est de 180 hommes, dont 4 mécaniciens, 24 chauffeurs et 18 soutiers; le bâtiment complet a coûté, dit-on, 5 millions de francs. Voir description dans l'*Engineer-Journal*, 1856; *Portefeuille des machines d'Opperman*, février 1858 ; *Séance des ingénieurs civils de Paris*, 1858.

N° 9. *Adriatic*. — Magnifique steamer, exclusivement pour passagers de première classe, grande vitesse; construit pour l'ancienne Compagnie Collins ; appartenant aujourd'hui à une compagnie anglaise, il a fait pendant quelque temps, en neuf à dix jours, la traversée de New-York au Havre ; fine coque en bois; machine oscillante vis-à-vis ; chaudières tubulaires en retour, mais avec tubes verticaux contenant l'eau. La figure 93 donne à peu près la disposition de la machine dans le navire. Voir la description détaillée au *Bulletin de la Société des ingénieurs civils de Paris* en 1860. La machine a développé jusqu'à 5000 chevaux de 75km à l'indicateur sur les pistons.

Nº 10. *Empereur.* — Transport russe construit en Angleterre ; coque en fer. D'autres évaluations portent son tonnage à 1270 tonneaux, et sa force à 416 chevaux.

Nº 11. *Bogota.* — Transport anglais sur lequel manquent les renseignements complémentaires.

Nº 12. *America.* — Même note que pour l'*Asia* ci-après.

Nº 13. *Asia.* — Magnifique transatlantique de la Compagnie Cunard. Coque en bois, arrière elliptique avec grand surplomb, étrave élancée avec poulaine, ponts droits sans tonture sensible ; riche ornementation des extrémités et des tambours ; tout l'aménagement est sous le pont, qui est libre de rouf et dunette ; il y a trois étages, le creux sous le faux pont est 3^m,65, sous le pont de cale 5^m,60, sous le pont des salons 1^m,98 ; haute mâture de brick-goëlette avec beaupré ; roues à aubes fixes en deux parties ; en charge moyenne huit aubes trempent à la fois sur chaque roue ; machine à balanciers latéraux et bâtis à colonnettes très-légers ; d'une très-franche allure et d'une très-commode installation. Voici quelques dimensions complémentaires du tableau : la bielle motrice a quatre fois la longueur du rayon de manivelle ; le bras de balancier a deux fois et demie cette même manivelle ; le balancier a une hauteur de 1^m,52 à l'axe et 0^m,61 aux extrémités ; les warangues et carlingues portant les plaques de fondation ont 0^m,906 au-dessus du fond. Les colonnes en fer des bâtis ont 5^m,17 de hauteur et 0^m,20 de diamètre ; l'arbre porte-roues est sous le pont supérieur et il a 0^m,457 de diamètre ; les pompes à air ont 1^m,52 de diamètre et 1^m,22 de course ; la machine entière occupe une surface carrée de 9^m,12 de côté ; chaudières en quatre corps dos à dos en un seul groupe en arrière de la machine sous une seule et même cheminée, les foyers sont ainsi sur les façades transversales opposées ; il y a vingt foyers ; les soutes contiennent 900 tonneaux de houille pour le service ; il y a à bord 8 mécaniciens, 18 chauffeurs et 12 soutiers. Voir dans Tredgold la description complète et les dessins d'ensemble de la machine et des chaudières.

Nº 14. *Arabia.* — Un des plus beaux transatlantiques de la Compagnie Cunard. Coque en bois ; formes, mâture et dispositions du *Persia* ci-après ; la machine et les chaudières pèsent 950 ton-

neaux et occupent au milieu de la coque 920 mètres carrés. La consommation quotidienne de houille est environ de 90 tonneaux ;
l'équipage est de 105 hommes.

N° 15. *Delta*. — Transport anglais pour le service de l'Egypte.
Coque en fer, étrave en col de cygne avec poulaine et beaupré ;
arrière plat et plein ; deux ponts et un faux pont ; plus un grand
rouf au milieu et deux petits vers les extrémités ; deux mats ;
support de tambour intéressant à étudier ; chaudières de Lamb ;
quatre corps en deux groupes longitudinaux, l'un à l'avant, l'autre à
l'arrière de la machine avec chacun leur cheminée à égale distance
des tambours, le tout sensiblement reporté sur l'arrière du navire;
il y a dans les chaudières seize foyers. Voir description dans
Murray, *Treatise on steam-ship building*.

N° 16. *Tyne*. — Malle anglaise de Marseille, à peu près le même
type que le précédent; chaudières tubulaires en quatre corps et
deux groupes.

N° 17. *Persia*. — Magnifique transatlantique de la Compagnie
Cunard. Coque en fer, tôle courante de 1 pouce; 7 cloisons
étanches et double fond sur une grande partie de la longueur; il
y est entré 2000 tonneaux de fer; poupe elliptique, étrave inclinée avec poulaine, le tout bien dégagé et richement orne-
menté ; longues et très-fines façons avant, façons arrière courtes ;
tout l'emménagement est entre les ponts, comme dans l'*Asia* ci-
dessus; emménagement pour 1200 tonneaux de fret et pour
260 passagers de première classe ; équipage de 170 hommes;
longueur totale de la coque sur le pont, 120 mètres; largeur
hors tambour, 21^m,60; deux mâts de brick ; double machine
à balanciers latéraux comme celle de l'*Asia*, décrite dans Tredgold; l'arbre porte-roues a 0^m,58 de diamètre, les roues qu'il
porte sont à aubes fixes; la machine a fourni en travail utile
jusqu'à 5000 chevaux, mais en moyen service celui-ci ne dé-
passa pas 1200 chevaux; la machine occupe dans la coque
122 mètres carrés de superficie sur 33 mètres de long; les
soutes contiennent 1400 tonneaux de houille, 8 corps de chaudières en deux groupes, l'un à l'avant l'autre à l'arrière de la
machine, ayant chacun leur cheminée, et un surchauffeur de
vapeur; en tout il y a 40 foyers de 2^m,13 sur 0^m,83; la consom-

mation de combustible est de 4 tonnes 1/2 par heure, soit $3^k,75$ par cheval. Dans de bonnes circonstances, le bâtiment a filé 16 nœuds.

Nº 18. *La Plata.* — Gros bâtiment de la Compagnie péninsulaire, à formes ramassées et d'un type ancien; coque en bois; arrière rond très-plein; étrave inclinée portant poulaine et beaupré; grande mâture de brick; 4 corps de chaudières tubulaires en deux groupes avec leur cheminée respective, l'un à chaque bout de la machine. Tout l'emménagement des passagers est sous le pont et l'entre-pont.

Nº 19. *Atrato.* — Beau transatlantique de la Compagnie anglaise des Antilles. Coque en fer de formes ramassées, quoique très-fines à la ligne d'eau; étrave élancée en col de cygne, très-dégagée et effilée; arrière plat avec grand surplomb; riche ornementation. Murray assigne à la coque 102 mètres de longueur et $12^m,46$ de largeur; nous craignons qu'il n'y ait erreur, car ce bâtiment nous a paru beaucoup moins effilé que le *Shannon* ci-après. Ponts droits sans tonture sensible, pas de dunette, il y a seulement pour le capitaine un petit rouf contre l'escalier; deux étages de ponts au-dessus de la cale, occupés par les emménagements de passagers et d'équipage; sous le pont supérieur sont les salons, entourés de deux rangs de cabines pour passagers de première classe, bien éclairées et ventilées; à l'étage inférieur est la salle à manger avec un seul rang de cabines autour; 194 lits en tout; élévation du plafond des cabines, environ 3 mètres; grand luxe d'emménagement; les flancs sont percés de deux rangs de hublots à lentilles pour l'éclairage des ponts. 3 mâts, savoir: 1 grand mât de brick sur l'avant, et derrière les cheminées 2 mâts de goëlette; machine à balanciers latéraux avec bâti à colonnes reliées par des croix de Saint-André; distribution et pompe à air entre l'axe des balanciers et les cylindres, lesquels sont sur l'avant; détente à came; roues à aubes mobiles; chaudières de Lamb; quatre corps en deux groupes, l'un à chaque bout de la machine, avec leur cheminée respective; en tout 24 foyers et $48^{mq},36$ de grille. Beau marcheur, atteint souvent 13 nœuds.

Nº 20. *Shannon.* — Splendide steamer de la compagnie anglaise des Antilles. Coque très-fine, en fer, étrave droite au-dessus de la ligne d'eau et sans poulaine, poupe ronde avec très-fort surplomb et bien dégagée. D'après des indications que nous relatons avec réserve, les flancs iraient en se rétrécissant très-sensiblement par le haut à partir de la ligne d'eau. Ponts droits et sans dunette, sauf un petit rouf au pied du grand mât ; disposition intérieure de l'*Atrato*, d'une grande magnificence ; deux rangs de hublots à l'extérieur pour l'éclairage des ponts, dans toute la longueur ; 286 lits ; trois mâts dont un de brick sur l'avant, un deuxième mât de brick et un mât de goëlette derrière les cheminées. Machine à balanciers latéraux dont la force réelle à l'indicateur, ordinairement de 2500 chevaux environ, s'est élevée dans un essai prolongé du 8 août 1859, à 3790 chevaux avec une vitesse correspondante pour le navire de près de 14 nœuds 1/2 ; les roues sont à aubes articulées, chacune pèse 78^t,7, et s'immerge de 1^m,80 à 2 mètres ; les chaudières sont au nombre de quatre en deux groupes, un à chaque bout de la machine, avec leur cheminée respective ayant 2^m,057 et une grande hauteur au-dessus du pont ; elles contiennent 87 mètres cubes pour l'espace réservé à la vapeur et 150 mètres cubes pour le volume de l'eau, laquelle est introduite en moyenne à 49 degrés ; les condenseurs ont 17 mètres cubes de capacité ; on compte, en outre, dans les chaudières ensemble, 24 foyers, 48 mètres carrés de grille, 1296 tubes longs de 2^m,57 sur 0^m,089 de diamètre ; leur surface est de 745 mètres carrés, et la surface totale égale 1570 mètres carrés ; la consommation de houille a été en moyenne 3^k,802 par cheval nominal, plus 11 à 12 tonneaux pour l'allumage.

N° 21. *Paramatta*. — Coque en fer, étrave droite, poupe elliptique ; longueur totale sur le pont 103^m,36 ; largeur totale hors tambour 23^m,40, déplacement de la coque à vide, 2215 tonneaux. La machine, construite anciennement, d'après le système à double cylindre, de Maudslay (type de la frégate *Retribution*; voir le *Traité des machines à vapeur* de Julien et Bataille), existait dans un premier steamer dit *Orinoco* ; les chaudières ont dû être augmentées, elles ont aujourd'hui 24 foyers ; les soutes contiennent 1500 tonneaux de houille. Ce bâtiment était un des plus rapides marcheurs connus ; il s'est perdu récemment.

N° 22. *Seine*.— Splendide steamer transatlantique de la même

Compagnie. Coque en fer construite par la Compagnie dite *des Constructions en fer de la Tamise*; chaudières tubulaires avec appareil à surchauffer la vapeur, construites sur les chantiers de la Compagnie à Southampton; machine oscillante construite également à Southampton par Summers et Day; longueur extrême de la coque, 103ᵐ,06; la vitesse obtenue dans les essais s'est élevée jusqu'à 14 nœuds passés; les cylindres pèsent 33 tonneaux et les condenseurs 38 tonneaux.

Nᵒ 23. *Connaugth.* — Construit par Palmer père, à Newcastle, pour l'*Atlantic royal Mail steam navigation Company*; trajet de Galway à New-York; lancé en avril 1860, tout complet, avec ses machines et roues en place, aménagements splendides pour 800 passagers, dont 200 de première classe; salon orné de belles peintures de paysages; coque en fer à double et même à triple ligne de rivures, grande multiplicité des cloisons étanches; deux étages de pont au-dessus de la cale, contenant les salons, cabines, fumoirs, chambres d'équipage, etc. Le pont supérieur est libre, sans aucun rouf ni dunette; deux rangs de hublots existent sur les flancs pour l'éclairage des ponts, chacun entre deux lignes de préceintes; l'étrave est droite au-dessus de la flottaison sans poulaine, et richement décorée de guirlandes; l'arrière est elliptique et surplombe de 4ᵐ,30, ce qui donne à la longueur totale de la coque 114 mètres; en dehors des roues, la largeur est de 21ᵐ,74; roues à pales mobiles, de Morgan; machine à trois cylindres oscillants dans un plan vertical sous l'arbre des roues et commandant directement les manivelles, lesquelles sont calées à angles égaux se partageant la circonférence; chaque cylindre pèse 48 tonneaux, avec ses accessoires; les pompes à air et autres sont mues par des cylindres séparés; chaudières d'un système particulier, composées de 8 corps, ayant chacune 5 foyers, et formant deux groupes avec leurs cheminées respectives, l'un à l'avant, l'autre à l'arrière de la machine; la vapeur y est surchauffée; mâture de yacht, à deux mâts en tôle galvanisée d'une seule pièce. Ce bâtiment a péri par cause inconnue, après un très-court temps de service.

Nᵒ 24. *Hibernia.* — Un des nouveaux steamers de l'*Atlantic royal Mail Cᵒ*. Longueur totale sur le pont, 115 mètres; formes à peu près comme le *Connaught* ; poupe elliptique à grand surplomb ; nombreuses cloisons étanchès dans la coque ; 650 lits à bord ; il a filé jusqu'à 15 nœuds ; chaudières en 8 corps, avec 40 foyers en tout et un surchauffeur de vapeur.

N° 25. *Scotia.* — Nouveau et splendide steamer de la Compagnie Cunard. Coque en fer du type du *Persia*, mais moins fine ; longueur totale, 121m,60 ; épaisseur des tôles, de 12 à 25 millimètres, couples obliques en fer à double T ; quille : hauteur, 0m,35 ; épaisseur, 0m,10 ; 7 compartiments étanches, dont 2 pour 1500 tonnes de fret, à double fond, entre les soutes ; ces deux compartiments ont chacun 25m,50 de long sur 6 mètres de large et 6 mètres de creux. Les soutes contiennent 1800 tonnes de houille ; il y a 157 cabines et emménagements pour un total de 300 voyageurs, plus un grand rouf sur le pont pour l'équipage. Le salon principal a 13m,70 de long sur 6 mètres de large et 2m,44 de haut. Le salon inférieur a 18m,85 de long sur la même largeur et hauteur que le précédent ; il contient les tables à manger pour 300 couverts. Les ponts sont éclairés par des hublots latéraux à lentille. La coque achevée pèse 2800 tonneaux ; elle est gréée de trois mâts de 30 pouces de diamètre ; sa longueur totale sur le pont est de 121m,60 ; les extrémités ont un fort surplomb. Il y a 4 corps de chaudières tubulaires en 2 groupes, l'un à l'avant, l'autre à l'arrière de la machine, ayant chacun leur cheminée.

N° 26. *Ulster.* — Bateau de la Compagnie d'Holyhead et Kingstown. Coque en fer très-allongée et très-fine ; longueur totale, 115m,20 ; 9 cloisons étanches ; salon, 18m,25 de long ; cabines, 2m,88 de haut ; gréée avec deux mâts. Roues à pales mobiles ; 8 corps de chaudières, ayant ensemble 4300 tubes de 1m,60 de long sur 2 pouces 1/2 de diamètre. Le poids des machines, 220 tonneaux ; chaudières vides, 220 tonneaux ; pleines, 400 tonneaux. Poids des roues, 220 tonneaux ; total, 730 tonneaux. Les chaudières ont brûlé, dans les circonstances indiquées, 5 livres 1/2 par cheval et par heure de charbon maigre.

Munster, semblable et de même origine.

N° 27. *Leinster.* — Même service et même type que le *Ulster*, sauf des détails secondaires. Au tirant d'eau de 3m,80, le navire déplace 1880 tonneaux et a 32mq,41 de section immergée. La surface immergée de la carène est alors de 730 mètres carrés. La consommation moyenne est de 7 tonnes par heure.

N° 28. *Guyenne.* — Magnifique bâtiment des Messageries impériales de France, pour la ligne de Bordeaux au Brésil, construit sur les plans et sous la direction de M. Delacourt. Formes fines et très-élancées ; étrave inclinée, avec un grand surplomb ; arrière elliptique bien dégagé ; rapport du volume réel au parallélipipède circonscrit, 0^m,563 ; la coque gréée et meublée, sans les machines, déplace 1460 tonneaux ; avec les machines vides, elle déplace 1820 tonneaux et cale 3^m,10 ; coque en tôle de 18 à 20 millimètres, à double ou triple ligne de rivures ; à l'intérieur, on compte 214 couples faits de deux cornières de 180/75 ; 4 compartiments étanches et 3 ponts, plus un grand rouf pour salle à manger de 100 couverts ; aménagements splendides et très-bien éclairés, pour 224 passagers, dont 80 de première classe ; belle et haute mâture à deux mâts de goëlette portant 1261^{mq},20 de voile, soit 26,8 fois le maître couple immergé ; roues à aubes articulées, avec frottement de bronze sur gayac ; leur arbre est sur le pont supérieur, et à 3^m,35 de la ligne d'eau, en charge (5^m,10). Machine oscillante, type Penn, avec double tiroir de distribution et 2 pompes inclinées vis-à-vis ; chaudières tubulaires en retour, composées de 4 corps formant 2 groupes, dont les foyers se regardent, l'allée de chauffe étant au milieu, et placées derrière la machine ; cheminée commune ; 16 foyers, 29^{mq},50 de grille. Poids des appareils : machine et ses accessoires, 174 tonneaux ; roues, 67 tonneaux ; chaudières vides et ses accessoires, 117 tonneaux, total : 358 tonneaux ; eau dans les chaudières, 75 tonneaux ; charbon dans les soutes, 600 tonneaux ; 450 tonneaux de fret. Équipage de 104 hommes, dont 5 officiers, plus 1 commissaire et 1 chirurgien, 8 mécaniciens, 18 chauffeurs, 10 soutiers et hommes de peine, 24 matelots.

N° 29. *Navarre.* — Autre bâtiment de mêmes type, origine et service, sauf que la coque a été construite sur les plans de *la Guyenne* par la Compagnie des forges et chantiers de la Méditerranée. Vitesse et force réelle déployée un peu supérieures à celles de *la Guyenne.*

N° 30. *North-Star.* — Yacht d'amateur, de M. X***, Américain.

N° 31. *Danzig.* — Yacht de la marine de Prusse, construit en Angleterre. Coque en bois.

N° 32. *Victoria and Albert*. — Ancien yacht royal anglais; pourvu d'une machine de Maudslay, à double cylindre, système de la *Retribution*. (Voir tableau R.)

N° 33. *Victoria and Albert*.—Nouveau et magnifique yacht de la reine d'Angleterre. Coque en bois, très-fines formes élancées. Aux dimensions du tableau, nous ajouterons celles-ci : 4 corps de chaudières à 6 foyers chacun, 2 à l'avant de la machine, 2 à l'arrière, se regardant et ayant chacun leur cheminée. Poids des machines, 401 tonneaux 1/2. Les chaudières sont tubulaires en retour, elles contiennent ensemble 3024 tubes longs de $1^m,96$ sur $0^m,063$ de diamètre; 24 foyers de $\dfrac{213^m}{0,01}$; cheminée, $12^m,16$ de haut sur $1^m,67$ de diamètre ; soutes pour 410 tonnes de houille. Les deux machines peuvent être découplées et isolées. La surface de grille totale est de $45^{mq},86$. Les machines appartiennent au type oscillant de Penn; les roues sont à aubes mobiles de Morgan ; les aubes étaient originairement plus larges de $0^m,28$.

N° 34. *Windsor-Castle*. — Nouveau yacht, presque analogue au précédent.

N° 35. *Étendard*. — Yacht impérial russe construit en France. La machine appartient au type horizontal à cylindre fixe placé à hauteur du pont avec distribution, par clapets et cames, système spécial au Creusot (voir fig. 96). Elle occupe dans la coque 11 mètres de long, $4^m,50$ de large et 15 mètres de haut. Elle est très-commodément installée pour le service, et constitue un des beaux ouvrages de l'usine du Creusot.

N° 36. *Aigle*. — Coque très-élégante, poupe arrondie en talon de sabot, étrave en col de cygne très-riche ; un rang de sabords entre deux filets dorés ; à la ligne d'eau, le bâtiment n'ayant à bord que son gréement, ses machines, et le mobilier, l'effilement est environ à l'avant 18 mètres, et à l'arrière, 12 mètres. Machine de grand luxe, système oscillant de Penn, avec modifications de détail, 2 pompes à air inclinées qui se regardent, distribution à coulisse et 2 excentriques ; changement de marche par un piston à vapeur spécial ; un appareil Giffard remplace la pompe de cale; roues à aubes articulées, dont 5 trempant ensemble sur chaque roue, chaudières placées derrière la machine, en 2 corps qui se régardent, avec allée de chauffe au milieu ; elles ont une cheminée commune, dite à *télescope*, d'un élégant modèle ; 20 foyers, offrant chacun 46^{qm},50 de chauffe, dont 8^{mq},055 pour la surface directe.

1259. ADDITIONS AU TABLEAU Q (2e PARTIE). NAVIRES A ROUES DE DIMENSIONS SECONDAIRES.

N° 1. *Honfleur*. — Caboteur du Havre, premier bateau à vapeur construit par M. Mazeline. Coque en bois ; deux corps de chaudières accotés sous la même cheminée ; roues à aubes fixes.

N° 2. *Australie*. — Transport français. Roues à pales mobiles ; deux corps de chaudières, comme au cas précédent.

N° 3. *Bastia*. — Transport français. Roues à pales mobiles.

N° 4. *Cygne*. — Très-joli bateau en bois ; étrave élancée, arrière plat ; formes médiocrement fines et convexes ; deux mâts de goëlette. Première machine oscillante du système Penn, construit par M. Mazeline ; quatre corps de chaudières sous même cheminée, en arrière de la machine. Grande rondeur de marche et excellent service entre le Havre et Caen.

N° 5. *Eclair*. — Joli bateau faisant, avec une vitesse remarquable, le trajet du Havre à Trouville. Fond sensiblement plat, pont droit, arrière plat, étrave élancée en col de cygne, façons avant très-fines et à lignes droites ; deux petits mâts de goëlette, sans beaupré ; porte 450 passagers (maximum réglementaire), plus 3 tonnes de charbon ; roues à aubes articulées ; belle machine oscillante type Penn, avec double tiroir de distribution et pompe à air inclinée où la tige de piston est guidée par des glissières ; chaudière tubulaire en retour, un seul corps à trois foyers, placé transversalement en arrière de la machine.

N° 6. *Castor*. — Petit bateau en fer, construit à peu près sur le modèle des bateaux-omnibus de la Tamise à Londres et du *Chamois* ci-après. Bon service et grande rondeur de marche ; deux petits mâts de goëlette; faisait le trajet du Havre à Trouville.

N° 7. *Chamois.* — Petit bateau pour le service du Havre à Honfleur; du même type que le précédent, un des bons ouvrages de la maison Nillus. Description et dessins très-complets, dans le Recueil d'Armengaud, tome de la neuvième année, n°s 3 et 4. Coque en fer, à fond presque plat et presque sans quille; arrière plat, étrave inclinée avec poulaine; deux petits mâts de goëlette; roues à pales mobiles et machine pesant 6640 kilogrammes, à peu près reproduite aux figures 69 et 70. Chaudière tubulaire en retour en un seul corps à trois foyers : longueur de 2 mètres sur 0^m,65. Aux dimensions du tableau nous ajouterons celles-ci : longueur totale sur le pont, 33 mètres; poids de la coque seule, 32 tonnes; rapport du parallélipipède circonscrit au volume réel, 0,448; l'arbre porte-roues est placé à 14^m,90 de l'étrave. Dans les épreuves, la vitesse a été, par heure, pour les roues, 29,30 kilomètres, et pour le bateau, 22,22 kilomètres. La pompe à air a 0^m,56 de diamètre et 0^m,36 de course; les chaudières sont à tirage naturel par une cheminée haute de 6 mètres sur 0^m,80 de diamètre; elles ont un grand réservoir de vapeur de 5 mètres cubes; 3^{mq},90 de grille, 196 tubes de 1^m,60; pesant en marche 17 tonnes et consommant 300 kilogrammes de houille par heure.

N° 8. *Normandie.* — Joli et très-rapide bateau acheté pour faire le service de Rouen au Havre; fait actuellement celui du Havre à Honfleur. Coque en fer; arrière plat, avant très-fin, avec étrave courbe; fond sensiblement plat. Le pont est plus élevé de 0^m,30 au-dessus de la machine; lignes droites à la flottaison. La largeur, hors tambours, est de 10^m,50; le maximum des passagers est 600. Gréé avec deux petits mâts de goëlette, sans beaupré; machine unique à cylindre vertical, avec quatre tiges de piston et bielle redescendant en retour; la pompe à air, verticale aussi, est en arrière du cylindre à vapeur contre celui-ci et mue par un agencement de leviers de premier genre et de bielles. Cette machine se conduit du pont, dans un rouf ponté, au-dessus duquel est la la roue du gouvernail et la place du capitaine. Voici quelques autres dimensions de la machine : elle occupe 3 mètres de longueur, 2^m,50 de largeur et 5^m,60 de hauteur; course du tiroir, 0^m,110; l'introduction moyenne de vapeur est 0,6 de la course pour le haut du cylindre, et 0,7 au-dessous pour compenser le poids retombant des pistons, tiges et bielles ; roues à pales mobiles ; leurs tambours sont très-élevés. Deux corps de chaudières tubulaires en retour, placés transversalement aux deux bouts de la machine, les façades se regardant. Dans chaque chaudière, il y a trois foyers, avec grille de $1^m,70$ sur $0^m,70$. Les soutes, au nombre de quatre, sont des caisses appliquées contre le bordage du navire, jusqu'au haut de la chambre, aux quatre coins de la machine ; elles contiennent ensemble 6 tonnes de houille. Au passage de la mer à l'eau douce, dans la traversée du Havre à Rouen, le mécanicien prévient la tendance à l'expansion d'eau hors de la chaudière en injectant du suif fondu, de demi-heure en demi-heure. L'équipage est de 11 hommes, dont 1 mécanicien et 2 chauffeurs.

N° 9. *Alexandre*. — Ancien bateau à formes pleines et ramassées ; service du Levant, dans la Méditerranée ; appartient aujourd'hui à la Compagnie des Messageries impériales. Coque en bois ; machine présumée de construction anglaise. Aubes mobiles ; très-riche ornementation.

N° 10. *Bosphore*. — Bâtiment de même service et de même origine, mais avec formes plus effilées ; aubes fixes.

N° 11. *Tancrède*. — Vieux petit bateau à formes pleines, de la même origine et du même service ; aubes mobiles.

N° 12. *Thabor*. — Très-beau steamer de la Compagnie des Messageries impériales, pour le service du Levant, dans la Méditerranée. Arrière plat, étrave inclinée ; riche ornementation. Roues articulées ; machine oscillante du système Penn, modifié dans les détails. Voir Expériences d'utilisation dans le *Traité des hélices*, de M. Paris.

N° 13. *Carmel*. — Autre très-beau steamer de mêmes service et origine que le précédent, et construit à peu près sur les mêmes plans. Largeur, hors tambours, 15 mètres ; roues à aubes mobiles, chaudières comprenant 12 foyers. Equipage de 40 personnes, dont 2 mécaniciens, 12 chauffeurs, 4 soutiers, 2 officiers, 20 matelots ; splendides emménagements pour 650 passagers ; cales pour 350 tonneaux de fret.

N° 14. *Nashwill*. — Petit steamer américain de médiocre vi-

tesse, qui fit pendant quelque temps le service de New-York au Havre. Emménagements splendides ; une seule machine à balanciers latéraux, reportée, ainsi que les roues, très en arrière (au deux tiers de la coque environ, à partir de la proue). Un seul groupe de chaudières en avant de la machine. Coque en bois, gréement de brick.

N° 15. *Sir-Charles-Wood*. — Steamer en fer, construit en Angleterre pour un service dans les Indes. Coque en fer ; machine à haute pression, dite *diagonale*; 4 chaudières de locomotive, placées aux quatre coins de la machine ; chacune a 2 foyers brûlant indifféremment du charbon ou du bois et contenant 85 pieds cubes de vapeur et 71 pieds cubes d'eau ; les chaudières, machines et dépendances occupent dans la coque 15ᵐ,80 de longueur sur 6ᵐ,70.

N° 16. *Helen-Mac-Gregor*. — Transport anglais, faisant le service d'Angleterre à Hambourg. Coque en fer ; machine d'un système tout particulier, à 4 cylindres verticaux renversés, décrite dans le *Traité des machines à vapeur* de MM. Julien et Bataille.

N° 17. *City-of-London*. — Petit transatlantique en fer. Machine du même type que celle de l'*Asia* ci-dessus, décrite dans Tredgold et dans Julien et Bataille.

N° 18. *Banshee*. — Bateau-poste anglais d'Holyhead, construit par l'amirauté sur les plans de M. Lang. Sa machine oscillante occupe 2ᵐ,50 de longueur, 5ᵐ,10 de largeur et 3ᵐ,20 de hauteur. La longueur totale sur le pont est de 64 mètres, sa largeur, hors tambours, est de 14ᵐ,90. Chaudières tubulaires.

N° 19. *Minerva*. — Transport anglais de grande vitesse, construit à Liverpool pour le service de Cork à Glascow. Coque en fer, arrière elliptique et étrave inclinée, gréée avec deux mâts de schooner assez bas. La longueur totale sur le pont est de 60 mètres ; la machine et les chaudières occupent dans la coque 17ᵐ,50. Il existe deux groupes de chaudières, un à chaque bout de la machine, chacun avec sa cheminée respective, 6 foyers et un faisceau de 526 tubes de 2ᵐ,16 sur 0ᵐ076 de diamètre. On a filé jusqu'à 16 nœuds.

N° 20. *Alliance*. — Bateau anglais de Southampton au Havre. Charmante œuvre de construction fine et élancée. Coque en fer,

étrave très-inclinée en col de cygne et très-longues façons avant,
jauge réellement 245 tonneaux ; un seul étage au-dessus de la
cale ; 2 mâts de goëlette, sans beaupré. Machine : système de
Sceaward à 3 cylindres, verticaux à simple effet, sous l'arbre porte-
roues (fig. 78), sauf que les deux pompes à air sont verticales et
mues par un mouvement de levier et bielles prenant l'action sur le
piston même ; 2 corps de chaudières tubulaires placés transversalement l'un à l'avant, l'autre à l'arrière de la machine ; roues à
aubes articulées très-volumineuses.

Un autre bateau, *le Havre*, est à peu près semblable, mais avec
2 chaudières dos à dos, en un seul groupe, à l'arrière des machines.

N° 21. *Dover*. — Coque en fer, chaudière tubulaire. Poste
anglais du Pas-de-Calais.

N° 22. *Onyx*. — Poste anglais. Coque en fer, chaudière tubulaire.

N° 23. *Ondine*. — Beau petit bateau-poste anglais, décrit dans
Tredgold. Coque en fer, roues à aubes mobiles, machine oscillante
comme en la figure 69, mais avec pompe à air inclinée et à guides,
propre au constructeur Miller ; grand travail utile réalisé ; chaudières tubulaires directes de locomotive, 2 corps accolés sous même
cheminée, à l'arrière de la machine et contenant chacun 2 foyers
de 2^m,14 sur 0^m,78 et 244 tubes de 2^m,44 ; d'après Tredgold, les
proportions générales de ces chaudières seraient : surface de
grilles, 8 mètres carrés ; surface de chauffe des tubes, 235 mètres carrés ; surface du foyer, 27 mètres carrés ; volume d'eau,
57576 litres ; volume de vapeur, 7955 litres.

N° 24. *Princesse-Alice*. — Coque en fer, chaudière tubulaire.
Bateau-poste de la marine royale anglaise.

N° 25. *City-of-Paris*. — Poste anglais du Pas-de-Calais. Machine très-simple, verticale, à 2 tiges de pistons qui sont reliés
par une traverse dont le milieu redescend de 1 pied dans le cou-
vercle du piston, grâce à la forme en cloche de ceux-ci.

N° 28. *Prince-of-Wales*. — Poste anglais. Pas de renseignements.

N° 29. *Inca*. — Petit steamer anglais en fer, pour un service
sur les fleuves indiens. Machine dite *diagonale*, un seul corps
de chaudière à 4 foyers ayant 2^m,93 de surface de grille.

N° 30. *Victoria.* — Nouveau packett de Folkeston à Boulogne, d'une magnifique vitesse et d'une grande élégance. Coque en fer très-fine, étrave élancée, arrière elliptique très-dégagé, deux petits mâts de yacht, pas de beaupré ; 2 corps de chaudières avec chacun leur cheminée très-inclinée, très-haute, lesquels corps de chaudières sont aux deux bouts de la machine.

N° 31. *Jenny-Lind.* — Petit transport anglais. Pas de renseignements.

N° 32. *Acheron.* — Vieux transport anglais. Coque en bois, chaudières à galerie.

N° 33. *Leviathan,* — Vieux transport anglais sur les côtes d'Écosse. A peu près comme l'*Acheron.*

N° 34. *Chemin-de-Fer.* — Poste belge d'Anvers à Londres, construit en Angleterre, avec formes pleines et convexes ; bon service. Machine à piston annulaire, du système Maudslay. Voir pour son avant la figure 60 (lignes ponctuées). Voir *Compte rendu des ingénieurs civils de Paris,* 1857. Note de MM. Prisse et Callon.

N° 35. *Ville-de-Bruges.* — Construit en fer à Seraing, sur le modèle du précédent et du suivant. Voir la note susindiquée. Même service.

N° 36. *Rubis.* — Construit en fer à Seraing, sur le modèle exact du *Chemin-de-Fer.* Son avant a été modifié en 1852, suivant les lignes pleines de la figure 60, avec beaucoup d'avantage. Voir la note susindiquée. Même service.

1260. ADDITIONS AU TABLEAU R DES BATIMENTS DE GUERRE A ROUES.

N° 1. *Terrible.* — Fine frégate jaugeant 1847 tonneaux ; construite à Wolwich, sur les plans de M. Lang, en bois de teak, d'acajou et de chêne. Sa longueur totale est 77 mètres ; les machines, soutes et chaudières occupent 23^m,80 de longueur sur 11^m,50 de largeur : la machine seule occupe 7^m,60 de longueur,

7 mètres de largeur et 7 mètres de hauteur. Voir dans Tredgold la description de sa chaudière d'un type particulier, à 4 corps en 2 groupes longitudinaux, l'un à l'avant, l'autre à l'arrière de la machine, placés dos à dos avec les foyers sur les façades opposées, chacun des quatre corps a sa cheminée, 6 foyers et 780 tubes ; machine à double cylindre de Maudslay, brevetée en 1841, décrite dans Tredgold et dans le *Traité des machines à vapeur* de Julien et Bataille. Poids : machine, 212 tonneaux ; chaudières, 150 tonneaux ; roues, 44 tonneaux ; soutes, 16 tonneaux ; en tout : 422 tonneaux. Les soutes contiennent 800 tonneaux de houille ; les chaudières contiennent en marche 158 tonneaux d'eau. L'appareil entier a coûté 1,031,250 francs. Le sillage a donné jusqu'à 11 nœuds avec 14 tours 1/2 de roues.

N° 2. *Odin.* — Belle et bonne frégate se comportant très-bien sous voiles ; jauge, 1326 tonneaux. Machine à cylindres verticaux fixes et action directe ; avec les chaudières et soutes elle occupe 18^m,24 de longueur ; l'arbre porte-roues a son centre à 2^m,60 au-dessus de la ligne d'eau et à 0^m,40 de diamètre aux tourillons, le conduit de vapeur a 0^m,475 de diamètre, et la tuyauterie à eau de 0^m,13 à 0^m,15 ; le poids des appareils est : machine et roues, 210 tonneaux ; chaudières vides avec accessoires, 60 tonneaux ; soutes, 16 tonneaux ; engins, plates-formes de service, etc., 25 tonneaux ; total : 311 tonneaux ; les chaudières sont tubulaires avec tubes de fer de 3 pouces 1/2 à l'intérieur ; elles sont divisées en 4 corps formant, deux à deux, un groupe placé à chaque bout de la machine avec leur cheminée respective ; les chaudières contiennent en marche 48 tonneaux d'eau. L'appareil entier a coûté 24,000 livres sterling, avec tubes de chaudière en fer étiré.

N° 3. *Retribution.* — Même machine que dans la *Terrible.* Coque en bois évasée dans le haut ; chaudières : 4 corps à galerie en un seul groupe et dos à dos avec cheminée commune ; en tout, 16 foyers sur deux façades opposées ; très-commode installation. Description et dessins dans le Traité de Julien et Bataille ; pl. XXI, 1re sect., ainsi que dans Tredgold. C'est cette frégate qui fit jusqu'au milieu du port de Sébastopol une reconnaissance célèbre durant la guerre de Crimée.

N°^{s} 4 à 8. Pas de renseignements.

N° 9. *Devastation.* — Chaudières à galeries décrites dans Tredgold, 4 corps dos à dos en 2 lignes transversales, les foyers sur les façades opposées, allée de communication au milieu, une cheminée commune ; 12 foyers ; machine à double cylindre de Maudslay, comme dans la *Terrible.*

N° 10. *Medea.* — Classé comme sloop sur quelques états ; armé à chaque bout d'un seul gros canon pivotant. Coque en bois, du port de 835 tonneaux ; arrière plat, étrave inclinée en arc, avec poulains ; longueur totale de la coque sur le pont, 62^m,62 ; largeur hors tambours, 13^m,98 ; la cheminée des chaudières est légèrement elliptique ; le petit axe a 1^m,22 de longueur, la hauteur au-dessus du pont est 9^m,73 ; les machines pèsent 164 tonneaux, les chaudières 35 tonneaux ; elles contiennent 45 tonneaux d'eau, les soutes renferment 200 tonneaux de houille ; les roues sont articulées du système Morgand. Voir dans Tredgold un mémoire et des plans très-complets sur la *Medea* ; étudier spécialement le mécanisme de ses pompes.

N° 11. *Merlin.* — Pas de renseignements.

N° 12. *Dée.* — La machine occupe dans la coque 3^m,30 de longueur, 6^m,40 de largeur et 5 mètres de hauteur. Le bâtiment est classé comme garde-côte sur quelques états.

N° 13. *Sampson.* — Chaudières décrites dans Tredgold ; 4 corps tubulaires en 2 groupes, dos à dos, les foyers se trouvant sur les façades opposées et transversales, avec 2 cheminées voisines, 12 foyers, 1208 tubes de 2^m,02 sur 0^m,062 ; surface tubulaire, 484^{mq},8 ; poids d'eau dans les chaudières, 62 tonneaux ; volume de vapeur, 993 pieds cubes ; la machine occupe 5 mètres de longueur, 4^m,10 de largeur et 7^m,30 de hauteur.

N° 14. *Black-Eagle.* — Fine corvette en bois ; roues articulées de Penn ; machine oscillante côte à côte avec 2 pompes à air inclinées de Penn, chaudières tubulaires en retour, 2 corps transversaux, un à chaque bout de la machine, avec chacun leur cheminée. Voir Julien et Bataille, *Traité des machines à vapeur*, pl. XVII et XVIII. La machine occupe 3^m,40 de longueur, 6^m,90 de largeur et 4 mètres de hauteur.

N° 15. *Susquehana.* — Description très-intéressante dans Tredgold. Machines directes inclinées côte à côte, bâti en tôle, distribution à clapets et à manettes, bielles fortifiées par des tirants, chaudières de locomotive à gros tubes en avant de la machine ; 31mq,46 de grille ; section de cheminée, 4mq,95 ; hauteur de cheminée au-dessus de la chaudière, 19m,76. Les plans de ce bâtiment avec ses machines ont été dressés par l'ingénieur Copeland.

N° 16. *Mogador.* — Aux dimensions du tableau nous ajoutons celles-ci : section des lumières d'entrée, 960 centimètres carrés ; des lumières de sortie, 1410 centimètres carrés ; pompe à air à simple effet, diamètre, 1m,10 ; course, 1m,20. La machine occupe 6m,50 de longueur, 9m,50 de largeur et 8m,50 de hauteur ; six corps de chaudières avec deux cheminées de 16m,70 de hauteur sur 1m,70 de diamètre ; grille, 2m,40 sur 2m,20 ; par chaudière 10000 litres d'eau et 11000 litres de vapeur ; consommation garantie de houille, 3 kilogramme 1/2 par heure et par cheval nominal.

N° 17. *Darien.* — Une des quatorze frégates à vapeur construites sous la direction de M. Mimerel en 1843. Machine à balanciers latéraux de Watt, bâti gothique en fonte, construit d'après l'étude générale de M. Bourdon, du Creusot, dont le plan fut admis ; chaudières en quatre corps en un seul groupe à façades opposées, sous une même cheminée, de 14 mètres de haut sur 1m,94 de diamètre à l'arrière de la machine ; pompe à air à simple effet ; diamètre, 1m,15 ; course, 1m,14 ; longueur totale de la machine, 8m,80 ; largeur avec passage de service, 7m,20 ; hauteur, 7m,60. Cette machine est décrite au *Traité des machines à vapeur* de Julien et Bataille.

N° 18. *Bertholet.* — Double machine horizontale directe à la hauteur du pont ; système particulier au Creusot (fig. 96), occupe 11m,50 de longueur, 6m,20 de largeur et 11m,50 de hauteur, entre les soutes latérales qui sont très-vastes ; très-commode installation pour le service ; pompes à air, 1 mètre de diamètre sur 0m,975 de course. Lumière de vapeur à l'entrée, 880 centimètres carrés, et à la sortie 1140 centimètres carrés ; quatre chaudières sous la même cheminée, de 13m,35 de hauteur et 1m,90 de diamètre ; grilles, 2m,40 sur 2m,40 ; volume d'eau et de vapeur, 20000 litres, divisé par moitié pour chaque chaudière. Consommation de combustible promise 3 kilogrammes 1/2 par cheval nominal.

N°s 19 et 20. — Pas de renseignements.

N° 21. *Espadon.* — Je crois que sa coque est en fer et que sa machine appartient au type à balanciers latéraux. Elle fut construite à Paris dans un fort bel atelier existant alors à la Chapelle-Saint-Denis.

N° 23. *Dauphin.* — Coque en fer à formes pleines et rondes ; machine du type de la figure 95.

N° 22. *Requin.* — Petit aviso entièrement construit à Nantes, en fer, à formes pleines et rondes ; chaudières tubulaires en retour ; deux corps en un seul groupe transversal ; en tout il y a 6 foyers, 424 tubes, long de 2^m,10 sur 8 centimètres de diamètre. C'est ce navire qui, dans l'expédition de la Baltique en 1854, reçut presque impunément la décharge d'une machine infernale dite *de Jacobi*.

N° 24. *Phénix.* — Même type, je crois, que *le Dauphin*.

N° 25. *Héron.* — Coque en fer, machine oscillante du système Cavé, à cylindre vis-à-vis.

N° 26. *Crocodile.* — Du même type et de la même origine, je crois, que *l'Espadon*.

N° 27. *Galilée.* — Petit aviso en bois et mâté en brick, qui est venu en 1851 à Paris recevoir une machine à vapeurs combinées d'eau et de chloroforme, système du capitaine Lafont ; composée de deux machines à balanciers latéraux. Dans l'une la vapeur d'eau venue des chaudières fonctionnait à l'ordinaire, puis passait dans le condenseur rempli de petits tubes elliptiques et verticaux, encastrés par voie de fusion dans les plaques tubulaires, suivant le système Palmer. La vapeur de chloroforme, formée à l'extérieur de ces tubes, passait dans la seconde machine pour se condenser dans un condenseur à tubes, comme le premier, ayant 256 mètres carrés de surface tubulaire. L'appareil en marche pesait 100 tonneaux et dépensait de 5 à 6 tonneaux de houille par heure. Ses essais, satisfaisants d'abord, ont été ensuite interrompus par les avaries des tubes.

N° 28. *Sphinx.* — Ce navire fut presque le premier bateau à vapeur qu'ait eu la marine militaire de France. Après une savante étude de M. Hubert, de Rochefort, en 1830, il fut mis en chantier et reçut une machine anglaise de Fawcett qui servit longtemps de type. Elle est en réduction au Conservatoire des arts et métiers à

Paris, ainsi que sa chaudière à galeries, en deux corps formant un seul groupe transversal en arrière de la machine. Le modèle du navire et de la machine est aussi au musée du Louvre. Après un long service, ce bâtiment s'est perdu dans un naufrage. Aux dimensions du tableau nous ajouterons celles-ci : pompes à air, diamètre, 0m,715 ; course, 0m,724 ; chaudière : volume d'eau, 15051 litres ; volume de vapeur, 14378 litres ; poids des chaudières, 66 tonnes ; poids des machines, 169 tonnes. Cheminée, hauteur, 14m,60 ; longueur du circuit des flammes, 32 mètres. Les cylindres à vapeur sont à double enveloppe. La distribution est réglée sans avance à l'introduction, mais avec 30 millimètres d'avance à la sortie ; les formes de la coque sont ramassées, pleines et convexes ; l'arrière est plat avec riche accastillage ; l'étrave est rectiligne et inclinée avec poulaine. Gréement de trois-mâts goëlette, deux mâts sont en arrière de la cheminée ; roues à aubes dont quatre trempent sur chaque roue ; l'armement consiste en 3 canons et 8 caronnades sur le pont.

Nos 29 et 30. — Peu de renseignements.

No 31. *Wladimir.* — Corvette russe, construite en Angleterre, à Blackwall, jaugeant 1500 tonneaux, armée de 5 canons à pivot, de 8 pouces de diamètre et 10 pieds de long. Coque en bois de teak. Machine oscillante, système Penn modifié, deux tiroirs de distribution sur le côté de la sortie de vapeur; type des locomotives à deux excentriques et coulisse ; deux pompes à air inclinées vis-à-vis ; entablement en fer forgé ; les deux roues à pales peuvent être isolées respectivement par le système (dit *à plateau,* de Trewhitt). Quatre chaudières tubulaires directes en deux groupes situés chacun avec leur cheminée respective à une extrémité de la machine ; les boîtes à fumée se regardent du côté de la machine ; les foyers sont par conséquent sur les façades respectivement opposées. Ces chaudières sont entièrement sous la flottaison et complétement entourées par les soutes. La machine et les chaudières occupent avec les dégagements et chambre de chauffe 18m,25 de longueur et 8m,21 de largeur. Avec les roues et l'eau dans les chaudières, le tout pèse 220 tonneaux.

1261. Additions au tableau S (1ʳᵉ partie) des grands transports a hélice.

N° 1. *City-of-Manchester*. — Beau transatlantique anglais en fer. Mâture de trois-mâts-barque ; machine à engrenage, type de Watt, à balancier supérieur, occupant en tout 6 mètres de hauteur sur 7 mètres de longueur dans la coque, 7 mètres dans la largeur, et pesant 275 tonneaux. Voir le *Traité de l'hélice*, de M. Paris.

N° 2. *City-of-Glascow*. — Transatlantique de la même Compagnie, du même service et du même type, mais un peu moins fort et un peu modifié.

N° 3. *Bingal*. — Transatlantique anglais, à peu près semblable aux précédents ; même mâture ; machine d'un système particulier, occupant 110 mètres cubes et pesant 232 tonnes. Hélice à pas croissant de 5ᵐ,50 à 6ᵐ,70 ; chaudières à cloisons, *système Lamb*, en 4 corps sous une même cheminée haute de 14 mètres sur 2ᵐ,13 de diamètre ; 12 foyers ; poids de ces chaudières : vides, 30 tonneaux ; contenance d'eau, 28 tonneaux ; poids des machines, 232 tonneaux.

N° 4. *Glascow*. — Transatlantique anglais en fer, analogue aux précédents. Belle installation pour 170 passagers ; mâts en tôle, dont le principal a 25 mètres de hauteur ; chaudières à cloisons du système *Lamb*, 3 corps sous une cheminée de 9ᵐ,15 de hauteur et 1ᵐ,83 de diamètre ; 7 foyers, offrant ensemble 11 mètres carrés de grille.

N° 5. *City-of-Baltimore*. — Beau transatlantique à formes fines et élancées. Coque en fer ; étrave inclinée en col de cygne et portant poulaine ; arrière elliptique très-dégagé ; riche ornementation des extrémités ; gréement de trois-mâts complet avec beaupré. Sur le pont s'élève jusqu'à la misaine un vaste rouf ; sous ce pont sont les chambres, éclairées, dans toute la longueur de la coque, par un rang de hublots à lentilles. Système particulier de machine, dite *Stepp* ; chaudières tubulaires en un seul groupe à l'avant de la machine, avec une cheminée unique qui débouche en avant du grand mât.

No 6. *Colombo*. — Ancien transport anglais. Pas de renseignements.

No 7. *Taurus*. — Transport anglais de la Méditerranée. Coque en fer, gréé en trois-mâts-barque. La machine pèse 40 tonneaux ; 2 corps de chaudières contenant 6 foyers de 2^m sur 0^m,95 ; cheminée haute de 11^m,60 sur 1^m,45 de diamètre ; poids des chaudières en marche, 110 tonneaux.

No 8. *Ands*. — Transatlantique mixte anglais, en fer. Un autre steamer semblable, *Alps*, a donné des résultats remarquablement identiques.

No 9. *Albatros*. — Beau petit trois-mâts-goëlette anglais, de très-bonne marche. Coque en fer ; machine dite *en clocher*, à 4 tiges (voir fig. 83) ; 2 corps de chaudières tubulaires ayant chacun 2 foyers de 1^m,83 sur 1^m,22 ; 77 tubes en fer de 2^m,80 sur 0^m,087 de diamètre et 1^{mq},46 de grille.

No 10. *Frankfort*. — Très-beau steamer en fer, construit à Glascow sur les dessins de M. Wood. Gréé en trois-mâts-barque. Description, expériences, calculs et dessins, dans Bourne et Paris (*Traité de l'hélice*) ; machine Pilon, se manœuvrant du pont, l'une des premières, sinon la première de ce genre qui ait été construite.

No^s 11 et 12. *Great-Britain*. — Grand transatlantique anglais célèbre, qui fut, en son temps, relativement aux steamers d'alors, ce qu'est en ce moment le *Great-Eastern*. Construit à Bristol par la *Great-western Company*. Il fallut démolir les écluses du dock pour le laisser sortir, puis il échoua dans le canal Saint-Georges, fut mis en péril, mais renfloué et réparé à Liverpool ; on dut ensuite changer sa machine. La coque est en fer d'assez mince épaisseur ; formes assez pleines. Je crois que l'étrave est droite ; arrière elliptique ; 4 étages à l'intérieur, ponts droits. Dans le principe, il y avait des aménagements simples, mais spacieux, pour 600 passagers, avec cabines et vastes salles communes, le tout entièrement sous le pont, qui est libre de rouf et de dunettes. Sept mâts, dont le principal a 0^m,70 de diamètre à la naissance du pont, et 18^m,36 de hauteur ; la voilure totale égale 1700 mètres carrés ; 3 grands corps de chaudières comprenant 24 foyers avec une seule cheminée haute de 13 mètres au-dessus du pont, avec 2^m,50 de diamètre ; elle débouche entre le troisième et le quatrième mât. Les chaudières sont à l'avant de la machine ; celle-ci fut d'abord un immense appareil à 4 cylindres inclinés vis-à-vis, comme en la figure 92 ; l'arbre de la grande roue dentée avait 0^m,60 de diamètre ; la roue elle-même avait 7 mètres de diamètre, et le pignon, 2 mètres. Elle a été remplacée depuis par une machine oscillante de Penn, décrite notamment dans le *Traité de l'hélice* de Bourne et Paris. La deuxième édition de l'*Encyclopédie Britannique* contient, sur le *Great-Britain*, des documents très-complets. Il ne fait guère aujourd'hui qu'un service de transport de marchandises.

N° 13. *Lady-Jocelin.* — Beau steamer mixte en tôle de 15 et 22 millimètres. A la ligne d'eau, les façons extrêmes se développent à peu près également sur 15 mètres de longueur à chaque bout ; il existe dans la poupe un puits pour remonter l'hélice, qui est à deux ailes très-évidées ; machine directe à 2 cylindres fixes inclinés vis-à-vis, entièrement sous l'arbre porte-hélice (type de la figure 82), comme dans le *Calcutta* ci-après. Chaudières tubulaires en 2 corps sous même cheminée, contenant chacun 6 foyers de 2^m,28 sur 0^m,70, 9^{mq},60 de grille et 360 tubes de 2^m,28 sur 0^m,087 ; soutes pour 500 tonneaux. Le navire est disposé pour porter en outre spécialement 300 chevaux, plus 500 tonneaux de fret, fourrages ou autres.

N° 14. *Calcutta.* — Magnifique steamer anglais. Coque en fer, arrière plat, étrave inclinée avec riche poulaine ; puissante mâture ; machine directe de Maudslay, très-bien installée, occupant 6 mètres dans la largeur du bâtiment, 3 mètres dans sa longueur, et placée tout entière sous l'arbre porte-hélice ; 2 cylindres fixes inclinés vis-à-vis, conduisant la même manivelle (type de la figure 82), avec condenseur au milieu et pompe à air en avant ; distribution à coulisse *Stephenson* avec relevage à cric ; chaudières tubulaires en 2 corps, l'un contre l'autre, sous la même cheminée en avant de la machine ; excellente installation.

N° 15. *Hymalaya.* Grand et magnifique steamer mixte de la Compagnie péninsulaire. Coque en fer, formes élégantes, fines et élancées ; arrière plat avec riche accastillage ; étrave inclinée et élancée en col de cygne avec riche poulaine très-développée ;

belle mâture de vaisseau, sensiblement reportée sur l'arrière :
le grand mât est à peu près aux 6/9 de la longueur à partir de
l'avant, la misaine aux 2/7 et l'artimon aux 8/9. La cheminée est
au milieu ; le pont supérieur est libre, sans rouf ni dunette ; tout
l'emménagement est intérieur et éclairé par un rang de sabords
carrés et deux rangs de hublots à lentilles. Le bâtiment file
couramment 9 nœuds avec voiles et vapeur. Dans une expérience, voici quels furent les données et résultats : vitesse,
13 nœuds ; travail effectif sur les pistons, 1901 chevaux ; pression de la vapeur, 12 livres ; 56 tours d'hélice à la minute ; tirant
d'eau, 19 pieds à l'avant et 21 à l'arrière ; déplacement, 4272 tonneaux. On dit que sa consommation de service, par jour de 24 heures, est de 70 à 90 tonneaux de houille. Les chaudières appartiennent au système Lamb ; elles constituent un seul groupe en
avant de la machine, au milieu du bâtiment. A l'époque de la construction du *Great-Eastern*, M. Armstrong a proposé d'allonger
l'Himalaya et de le porter à 225 mètres de longueur, en lui faisant porter 9660 tonneaux à une très-grande vitesse.

N° 16. *Mauritius.* — Transport mixte, avec grande puissance
de voilure. Coque en fer, étrave élancée, formes assez pleines.
Il existe dans la poupe un puits de remonte pour l'hélice ; chaudières tubulaires en un seul groupe.

N° 17. *John-Bell.* — Coque en fer construite à Glascow, portant 3 mâts ; machine d'un type particulier ; chaudière d'un type
particulier avec tubes en spirale, ayant 3 foyers.

N° 18. *Hudson.* — Transport anglais en fer, l'un des plus grands
qui existent ; pas de renseignements.

N° 19. *Thunder.* — Steamer d'une remarquable vitesse, construit à Millwall (Londres) ; coque en fer, fines formes, gréée en trois
mâts ; 2 ponts ; machine Pilon (fig. 81) ; chaudières tubulaires,
4 corps en deux groupes transversaux dos à dos, ayant chacun leur
cheminée ; 4 foyers et 360 tubes de 7 pieds sur 3 pouces 1/4. La
vapeur est surchauffée jusqu'à 310 degrés dans un appareil tubulaire à la base de la cheminée. Voir la description détaillée dans
le *Mechanics' Magazine* de 1860 et le *Treatise on steam-ship Building*
de Murray. Le travail indiqué dans le tableau est celui des essais
de réception, avec détente à moitié course ; d'autres essais de ser-

vice ont donné 924 chevaux de travail à l'indicateur avec 56 tours
d'hélice à pleine vapeur.

N° 20. — *City-of-New-York.* — Beau transatlantique anglais.
Coque en fer à fines formes, semblable au *City-of-Baltimore*, ci-
dessus, même mâture ; à l'intérieur il y a six compartiments
étanches ; la machine est pourvue d'un condenseur à surface ;
6 corps de chaudières tubulaires en un seul groupe en avant de la
machine ; on y compte 20 foyers ; le rouf s'étend sur presque toute
la longueur du pont ; sous celui-ci il y a 350 lits, dont 110 de première classe, dans 42 grandes cabines bien aérées.

N° 21. *Mooltan.* — Nouveau bateau mixte de la Compagnie
péninsulaire et orientale, construit sur les chantiers de la *Thames
Iron Company*, près Londres. Coque en fer très-gracieuse, très-
fine et très-allongée en vue d'obtenir une vitesse de 10 à 12 nœuds
avec la moindre force et la plus faible consommation de combustible possible ; on remarquera que le rapport de la longueur
à la largeur est très-élevé ; la longueur totale sur le pont est
112ᵐ,50 ; étrave courbe très-élancée, arrière plat avec fort surplomb ; un rang de sabords d'éclairage et au-dessus un rang de
petits hublots à lentilles ; sur le pont, un grand rouf s'étend du
mât de misaine à l'artimon ; belle mâture de frégate avec beaupré
et artimon de goëlette ; emménagements splendides pour les
passagers dans le rouf et sous presque toute la longueur de l'étage
au-dessous du pont supérieur, garniture intérieure en teak ; machine dite *Jacketed*, ayant trois cylindres, deux qui reçoivent
la vapeur de la chaudière, et un autre plus grand, recevant de
seconde main la vapeur qui s'y détend et dont l'eau de condensation retourne à la chaudière ; elle est très-peu spacieuse et n'occupe en longueur que 2ᵐ,50 environ, le diamètre des cylindres
est 1ᵐ,08 pour le premier cylindre et 2ᵐ,43 pour les deux autres ;
chaudière très-petite ayant seulement 14ᵐq,72 de grille ; elle est
pourvue d'un surchauffeur de *Lamb* et est munie d'une seule cheminée peu élevée qui débouche un peu en avant du grand mât ;
la consommation de houille garantie est 20t,5 par 24 heures, soit
environ 2 kilogrammes par cheval nominal et par heure ; les machines et les chaudières en marche pèsent 330 tonneaux.

N° 22. *Breemen.* — Beau et riche transatlantique de Brême

à New-York, construit en Angleterre. Coque en fer à formes fines, arrière plat et plein ; étrave inclinée et élancée en courbe avec poulaine et beaupré ; très-riche décoration des extrémités ; trois mâts ; chaudières en un seul groupe en avant de la machine et du grand mât, avec une seule et même cheminée. Le *Treatise on steam-ship Building* de Murray contient le tracé de la coque et des renseignements assez complets sur tout le navire.

N° 23. *Indus.* — Paquebot mixte de la Compagnie des Messageries impériales (service du Levant). Machine horizontale très-bien installée, tout entière sous l'arbre porte-hélice, et occupant 10 mètres dans la longueur du navire et 7 mètres dans sa largeur ; chaudières tubulaires en retour ; 6 foyers longs de 2m,50 sur 0m,80 de largeur ; à chacun d'eux correspondent 70 tubes ayant 2 mètres de longueur sur 0m,07 de diamètre.

N° 24. *Gange.* — Steamer mixte de la même Compagnie. Coque en fer.

N° 25. *Simois.* — Paquebot mixte de la même Compagnie et du même genre. Coque en fer avec très-belle mâture de frégate ; machine à deux cylindres inclinés vis-à-vis l'un de l'autre, fixe et directe (type de la figure 82), mais sans engrenages ; pompe à air mue par un coude de l'arbre porte-hélice, ce qui est regardé comme vicieux ; cette pompe a : diamètre, 0m,756 ; course, 0m,684. La chaudière contient 12 foyers ; longueur de 1m,86 sur 0m,47 de largeur et 783 tubes, longueur de 2 mètres sur 0m,085 de diamètre.

N° 26. *Euphrate.* — Paquebot mixte de la même Compagnie. Coque en fer.

N° 27. *Mersey.* — Paquebot mixte du Levant de la Compagnie française des Messageries impériales, construit à Glascow. Coque en fer très-fine ; machine à engrenages, à deux cylindres verticaux, à quatre tiges par piston et bielles en retour (type de la figure 83) ; longueur des machines, 5 mètres ; largeur, 5m,50 ; hauteur, 7 mètres, chaudières tubulaires ordinaires, en un seul groupe contenant 320 tubes longs de 2m,75 sur 0m,095 de diamètre ; 12 foyers longueur de 2m,50 sur 1 mètre de largeur.

N° 28. *Chélif.* — Beau transport mixte en fer, construit en Angleterre pour le service français dans la Méditerranée ; belle mâture de trois-mâts-barque ; chaudières tubulaires en un seul groupe à l'avant de la machine.

Nº 29. *Danube*. — Beau steamer mixte de la Compagnie des Messageries impériales pour le service du Levant. Coque en fer très-belle et élancée ; arrière rond, étrave en col de cygne, riche ornementation, mâture de frégate, splendide et vaste aménagement pour 693 passagers, plus 600 tonneaux de marchandise; sous les ponts éclairage par deux rangs de hublots latéraux circulaires et à lentilles ; il existe en outre sur le pont un rouf pour la salle à manger des passagers ; la coque a été construite à la Ciotat par M. Delacourt, sur les plans de M. Dupuy de Lôme ; la machine appartient au type de cet ingénieur, à deux cylindres accouplées horizontalement côte à côte et à bielles en retour, distribution intéressante à étudier ; hélice de M. Dupuy de Lôme, à six ailes, clavetée dans une sphère (fig. 54), pas croissant de 5^m,61 à 6^m,32; 4 corps de chaudières tubulaires ordinaires en avant des machines avec allée de chauffe au milieu, les foyers se regardant ; équipage de 22 personnes, dont 3 officiers, 2 mécaniciens et 11 chauffeurs et soutiers ; un très-beau modèle au quinzième existe au Conservatoire des arts et métiers à Paris.

Nº 30. *Jacquart* (et *Arago*). — Deux grands transatlantiques mixtes en fer, construits à Nantes. Arrière plat; étrave droite avec riche poulaine, façons arrière fines, façons avant pleines et creuses à la ligne d'eau ; deux rangs de hublots à lentilles éclairent l'intérieur; les ponts ont beaucoup de tonture, les emménagements des passagers, simples mais spacieux, sont entièrement sous le pont ; 4 étages intérieurs, plus 2 roufs ; belle mâture de trois-mâts complet ; machine verticale renversée à trois cylindres, de 1^m,40, 1^m,40 et 1^m,60 sur 0^m,90 de course pour vapeurs combinées d'eau et d'éther; les chaudières à vapeur d'eau sont de forme sphérique, ayant 320 mètres de chauffe totale. Les générateur et condenseur d'éther sont à tubes elliptiques, de Palmer, de Paris. Des fuites graves et dangereuses ont mis l'appareil d'éther hors de service, il est vrai, après plusieurs grandes campagnes ; l'un des navires ne fonctionne plus qu'à vapeur d'eau comme bâtiment mixte, avec une force mécanique d'environ 250 chevaux.

Nº 31. *France*. — Steamer à vapeurs combinées d'eau et d'éther;

machine à deux cylindres ayant le même diamètre et la même course, l'un pour la vapeur d'eau, l'autre pour la vapeur d'éther. Surface de chauffe du générateur : pour l'eau, 144 mètres carrés, pour l'éther, 130 mètres carrés.

N° 32. *Provence.* — Transport mixte francais, dans la Méditerranée, construit à Marseille ; coque en fer.

N° 33. *Seine.* — Tansport mixte de l'Etat, pourvu d'une grande et belle voilure de frégate avec une machine à vapeur auxiliaire , machine directe à mouvement de locomotive, et bielles très-courtes; condenseur en face du cylindre et en contre-poids de l'autre côté de l'arbre coudé ; distribution à coulisse Stephenson ; deux corps de chaudières tubulaires en retour en un seul groupe, placés transversalement en avant de la machine avec allée de chauffe au milieu ; 6 foyers de $2^m,10$ sur $0^m,70$; $8^{mq},75$ de grille totale ; très-complète description et rapport sur les expériences dans Armengaud, t. XII. Les transports *Isère* et *Rhin* sont sur le même type et du même constructeur.

N° 34. *Congrès.* — Mixte en fer, construit en Belgique pour le port d'Anvers et ayant fait le trajet du Havre à New-York pour la Compagnie Marziou ; étrave élancée en col de cygne, arrière en talon de sabot aplati; façons extrêmes égales, développées sur 23 mètres à la flottaison et sensiblement creuses ; à l'intérieur, 3 étages; les installations de passagers sont sous le pont, sur celui-ci s'élèvent 3 grands roufs, dont le principal, au milieu, contient les chambres d'officiers ; 3 mâts, sensiblement portés vers l'arrière ; hélice extérieure et en porte à faux, le gouvernail étant derrière elle dans un cadre ; machine verticale renversée, montée sur colonnes de fer; chaudières en avant de la machine et du grand mât, système tubulaire comprenant quatre corps dos à dos en un seul groupe sur une même cheminée, les façades étant opposées ; sur le pont, il y a deux treuils à vapeur. Décrit dans la publication belge dite *Portefeuille de J. Cokerill.*

N° 35. *Impératrice-Eugénie.* — Splendide paquebot de la Compagnie des Messageries impériales pour le service de l'Indo-Chine. Coque entièrement en tôle, 4 étages à l'intérieur, 50 belles chambres pour passagers, spacieuses et très-bien ventilées; cale pour 1000 tonneaux de fret et soutes pour 800 tonneaux; belle

T. III.   8 mâture de frégate portant 1860 mètres de voilure ; les bas mâts sont en tôle de 12 millimètres d'épaisseur ; équipage de 120 hommes ; la coque et la machine pèsent 1960 tonneaux ; la largeur sur le pont est 97m,25 ; la machine est à fourreau simple et à engrenages ; le diamètre du fourreau est 0m,90 ; les chaudières sont du système tubulaire, ayant 16 foyers ; elles forment un seul groupe sous une même cheminée, haute de 8 mètres sur 2m,22 de diamètre. Les essais devant la Commission ont donné 13 nœuds, la machine faisant 34 tours et demi.

Le *Cambodge* et le *Donnaï* sont semblables et destinés au même service.

N° 36. *Le Tigre.* — Splendide bâtiment mixte de même origine et de la même Compagnie que le précédent, un peu plus grand et un peu plus spacieux ; la longueur sur le pont est 104m,83 ; la machine est absolument semblable.

N° 37. *Sicilia.* — Transport sur la Méditerranée. Coque en fer, gréée en trois-mâts-goëlette ; étrave élancée, sans poulaine et portant beaupré ; arrière elliptique très-dégagé ; machine à très-haute pression de Rowan, où la vapeur est introduite dans un premier cylindre de 0m,32, d'où elle passe dans deux autres ayant 0m,63 : il s'ensuit qu'une paire de machines conjugées contient 6 cylindres, savoir : 2 petits et 4 grands ; condenseur à surface du système Rowan ; quatre chaudières cellulo-tubulaires en un seul corps, placé en avant de la machine et du mât du milieu ; la grille a 5 mètres carrés ; la consommation de combustible serait, assure-t-on, de 0k,75 par cheval et par heure ; ce bâtiment appartient au même type que la *Thétis*, et l'*Italia* est semblable.

1262. Additions au tableau S (2e partie), petits transports à hélice.

N° 1. *Falcon.* — Vieux steamer en bois, de la Compagnie Cunard. Chaudières tubulaires.

N° 2. *Erin's Queen.* — Coque en fer ; machine directe à balancier d'un système particulier.

No 3. *European*. — Beau steamer anglais, construit à Glascow. Coque en fer, arrière plat, étrave inclinée et portant poulaine ; riche ornementation des extrémités ; gréement de trois-mâts-goëlette ; machine verticale à 4 cylindres en bas avec quadruple tige de piston ; chaudières tubulaires en 4 corps sur même cheminée très-élevée. Description complète avec dessin, dans les *Traités de l'hélice* de Bourne et de Paris.

No 4. *Apollo*. — Transport de bestiaux ; 310 têtes réparties sur 2 ponts. Coque en fer ; gréé en trois-mâts-goëlette où les bas mâts sont très-hauts ; machine verticale, cylindre en bas à 4 tiges de piston, dite *en clocher*.

No 5. *Mars*. — Trois-mâts-goëlette en fer, à peu près comme le précédent.

No 6. *Times*. — Trois-mâts-goëlette en fer, même type de machine ; chaudières tubulaires en un seul corps à 2 foyers cylindriques ; 2mq,37 de grille et 196 tubes.

No 7. *Swauland*. — Transport en fer. Chaudières à galeries ; 2 corps à 3 foyers chacun sous même cheminée de 11m,30 de hauteur sur 0m,915 de diamètre.

No 8. *Santander*. — Transport anglais dans la Méditerranée. Chaudières tubulaires, 2 corps ayant chacun 2 foyers et 4m,30 de grille, avec cheminée commune de 9m,15 sur 1m,15.

No 9. *Humming Bird*. — Trois-mâts anglais. Coque en fer ; hélice plusieurs fois changée.

No 10. *Monumental-Cty*. — Transport américain à coque en bois ; chaudières tubulaires ayant 9m,30 de grille.

No 11. *Palmetto*. — Pas de renseignements.

No 12. *Camerton*. — Trois-mâts-goëlette anglais. Coque en fer.

No 13. *Arno*. — Transport anglais en fer.

No 14. *Dwarff*. — Petit transport en fer, de l'amirauté britannique, à bord duquel ont été faites un grand nombre d'expériences comparatives sur les hélices ; elles sont relatées dans les *Traités* de Bourne, Paris et Murray (Voir no 1081).

No 15. *Larriston*. — Transport anglais. Pas de renseignements.

No 16. *Lady Eglington*. — Transport anglais. Pas de renseignements.

No 17. *Bosphorus*. — Beau petit transport anglais, construit à Londres. Coque en fer. Les expériences sur l'hélice ont accusé 12 pour 100 de recul.

N° 18. *Fairy*. — Yacht de l'amirauté anglaise, avec coque en fer et machine oscillante à engrenages (Voir *Faon* ci-après). Ce bâtiment a été célèbre dans son temps par sa belle vitesse et par diverses expériences faites à son bord sur des hélices à pas croissant.

N° 19. *Avon*. — Petit transport anglais en fer, muni d'une sorte de machine locomotive à haute pression sans condensation, qui fonctionne depuis sept ans, ainsi que plusieurs autres semblables, en faisant un très-bon service de cabotage.

N° 20. *Kassed-Kheir*. — Yacht du vice-roi d'Egypte. Coque en fer, mâté en schooner ; façons très-fines. Construit à Greenwich, près Londres ; machine dite *vibrating* (probablement oscillante) à engrenages.

N° 21. *Corse*. — Petit bateau-poste appartenant à l'amirauté française, primitivement appelé *Napoléon*, et construit pour les premiers essais d'hélice en France. Coque en bois ; machine à engrenages. Plusieurs hélices lui ont été successivement appliquées ; l'hélice définitive, en bronze, à 4 ailes, a été fondue au Havre par Nillus.

N° 22. *Faon*. — Bateau-poste français dans la Manche. Formes élancées très-gracieuses ; à double machine oscillante de Penn, à engrenages (type de la figure 69), mise en longueur dans le navire.

N° 23. *Bidassoa*. — Petit transport en fer, construit à Marseille, et faisant son service dans la Méditerranée.

N° 24. *Stéphanie*. — Petit steamer français de cabotage, en fer, construit à Nantes. La coque a une tonture sensible aux extrémités et des formes assez pleines. La machine, à 2 cylindres renversés (fig. 87), est reculée tout à fait à l'arrière de la coque ; la chaudière tubulaire en avant de la machine et placée transversalement.

N° 25. *Province-d'Alger*. — Transport français en fer, construit à Cette pour un service dans la Méditerranée. A formes pleines ; la machine, à un seul cylindre oscillant, est à bâbord à côté de la chaudière tubulaire, qui est à tribord.

Nº 26. *Baltique.* — Petit transport français, de Dunkerque à Saint-Pétersbourg, construit à Dunkerque. Pourvu d'abord d'une machine de M. Malo, et ultérieurement d'une machine anglaise ; coque en fer avec arrière elliptique et étrave inclinée portant poulaine ; façons arrière courtes, façons avant très-développées. Longueur totale sur le pont, 50 mètres ; surplomb de la poupe, 2 mètres ; surplomb de l'étrave, 3 mètres. Trois-mâts-goëlette avec un beaupré ; la misaine porte une petite vergue. Sur le pont, il y a deux roufs en tambours arrondis et pontés eux-mêmes, l'un en arrière, l'autre entre le grand mât et l'artimon ; machine Pilon avec piston à fourreau, dont le diamètre extérieur est 0m,38. Distribution de locomotive par coulisse, avec plus d'introduction en bas, en raison de la différence de surface du piston à cause du fourreau ; section des lumières : à l'entrée, 0,80 sur 0,04 ; à la sortie, 0,80 sur 0,08. Chaudière tubulaire marine, en un seul corps transversal à l'avant de la machine, la cheminée débouchant derrière le grand mât ; 3 foyers avec grille de 1m,80 de longueur sur 1 mètre de largeur ; 288 tubes.

Nº 28. *Amiral-Duperré.* — Petit vapeur français mâté en goëlette, dont la coque a été construite à la Rochelle par M. Turpain ; elle pèse 60 tonneaux gréée ; les chaudières et machine pèsent 18 tonneaux ; les soutes contiennent 5 tonneaux de houille. La machine a 2 cylindres inclinés ; elle occupe 5 mètres de longueur avec les chaudières ; celles-ci sont d'un système particulier à lame d'eau et galeries, en un seul corps à 2 foyers. Description et dimensions très-détaillées au *Recueil des machines* d'Armengaud, t. XII.

Nº 29. *Hélice* nº 1. — Transport sur la Seine, à formes pleines et en fer, remonte jusqu'à Paris. Propulsion par deux hélices croisant leur pas.

Nº 30. *Express.* — Même service et même propulseur, mais avec machine oscillante directe renversée.

Nº 31. ****. — Petit transport sur les rivières, avec machine comme au numéro 29 ci-dessus.

Nº 32. *Etoile.* — Petit bateau à deux hélices croisant leur pas et partiellement immergées, avec lequel M. Dubied a fait ses expériences de navigation à travers la France par les canaux.

Nº 33. *Boat* nº 2. — Petit steamer en fer pour la navigation sur les canaux anglais. Machine à haute pression; 2 hélices croisant leur pas.

Nºˢ 34 et 35. *Minx*. — Yacht de l'amirauté britannique, célèbre par divers essais d'utilisation de la force motrice. Coque en fer; machine changée trois fois; une première de 100 chevaux par Miller, une seconde de même force par Rennie, furent d'abord essayées, puis une autre à haute pression de Sceaward, dix fois plus faible, fut installée : la chaudière de 100 chevaux était tubulaire, en un seul corps transversal contenant 208 tubes et 4ᵐᑫ,80 de grille (Voir la description dans Tredegold).

Nº 36. *Bee*. — Très-petit yacht de l'amirauté britannique. Coque en fer construite pour servir à des essais. Il a eu d'abord des roues pour propulseur, lesquelles avaient 2ᵐ,73 de diamètre et donnaient exactement la même vitesse ; chaudière tubulaire.

1263. ADDITIONS AU TABLEAU T (1ʳᵉ PARTIE), VAISSEAUX DE GUERRE.

Nº 1. *Bretagne*.—Ancien voilier à 3 ponts, allongé de 20 mètres; magnifique vaisseau à vapeur proprement dit, à grande vitesse et formes fines. Arrière rond, étrave élancée, avec grand surplomb et très-vaste poulaine ; 22 sabords de chaque côté à chaque étage ; immense mâture très-sensiblement portée vers l'arrière, et ayant 3000 mètres carrés de voiles. La machine est de même portée vers l'arrière. Les chaudières sont en avant de la machine, au nombre de 8 corps en un seul groupe sur deux lignes, avec allée de chauffe au milieu, et 2 cheminées débouchant de chaque côté du grand mât; elles ont 60 foyers. L'emplacement total des chaudières et machines occupe 30 mètres dans la longueur du navire, tout au-dessous du faux pont, dans la cale. Les soutes latérales contiennent du charbon pour 14 jours de marche à pleine vapeur. L'hélice actuelle est une hélice Mangin, dont le pas croît de 9ᵐ,018 à l'entrée à 10ᵐ,80 à la sortie ; la fraction du pas employé égale 0,20. Elle est estimée par l'auteur être un peu faible, et on lui donnerait aujourd'hui 0,25. Les plans du navire et de la machine ont été étudiés sous la direction de M. Dupuy de Lôme.

Nᵒ 2. *Napoléon.* — Vaisseau français à vapeur proprement dit, à formes élancées, pour grande vitesse, le premier de son type et l'un des plus beaux bâtiments connus ; construit en trois ans sur les plans de M. Dupuy de Lôme pour le navire, et de M. Moll pour les machines. Il évolue très-bien, est doué sous toute charge d'une grande stabilité, a pris fort peu de flèche sous le poids considérable de ses machines, et donne très-bien la remorque. On dit qu'il traîne un vaisseau à raison de 10 nœuds en eau calme et 8 nœuds contre fraîche brise. Dans l'expédition de Crimée, il aurait remonté 14 navires contre le courant des Dardanelles, avec frais vent contraire, et un autre jour, remorqué 3 vaisseaux sur les côtes de Crimée ; il a porté 2000 hommes avec bagages. Aux dimensions du tableau nous ajouterons celles qui suivent, d'après M. Paris (*Traité de l'hélice*) et M. Ch. Dupin (*Rapport à la Société d'encouragement;* t. I, 2ᵉ série) :

Armement. — Il existe réellement à bord 94 canons, dont 34 obusiers de 22, 28 et 30 centimètres. Outre leurs munitions, le chargement comprend 90 jours de vivres, 700 tonneaux de charbon et 75 tonnes d'eau.

Coque. — Élancée et finement taillée comme un bateau à vapeur proprement dit. À la ligne d'eau du navire lége, nous avons mesuré 10 mètres de façons arrière et 18 mètres de façons avant, non sur *le Napoléon,* mais sur *la Ville-de-Nantes,* qui est du même type ; l'arrière est arrondi en talon de sabot au-dessus de l'étambot ; l'étrave est presque droite, avec une poulaine très-développée. La mâture, médiocrement développée, est sensiblement reportée sur l'arrière, le grand mât est environ aux 4/7 à partir de l'avant, et les deux autres à 5/7 de chaque extrémité ; il y a 20 sabords de chaque côté, à chacun des deux ponts de batteries.

Hélice. — A pas gradué de 7ᵐ,30 à l'entrée, 8ᵐ,30 au milieu et 9ᵐ,30 à la sortie, avec un recul correspondant de 0,143, 0,017 et 0,011.

Machine. — La machine primitive à engrenage, après dix ans de service, est actuellement remplacée par une machine directe. Elle rappelait le type du *Sarkie,* de Miller. Voir *Traité des hélices,* de Paris, pl. I.

Cette première machine à engrenages est décrite dans le *Traité* de M. Paris. Voici ses principales particularités :

Cylindres.— Les deux sont côte à côte à tribord, avec un énorme engrenage à 5 rangs de dents, en contre-poids à bâbord.

Distribution.—Sur le côté intérieur, par tiroir à coquille, à pression équilibrée, conduit par excentriques et coulisses qui, relevées primitivement par cylindres à vapeur spéciaux, l'ont été ensuite par des crics à main ; il y a eu outre une détente à cames.

Pompes à air.— Prenant leur mouvement sur les tourillons des manivelles de l'arbre porte-roues ; elles ont 1^m,70 de diamètre, 0^m,606 de course, donnent 26 coups, sont à simple effet, et rejettent l'eau toutes les deux à bâbord, un peu au-dessus de la flottaison.

Chaudières. — Comprennent 8 corps en deux groupes transversaux et dos à dos, avec façades opposées, et ayant chacun leur cheminée. Le groupe en avant de la machine est, avec celle-ci, en avant du grand mât ; les chaudières d'arrière sont après ce mât. Les chaudières ont ensemble 40 foyers, 68 mètres carrés de grille et 1377 mètres carrés de chauffe totale.

Soutes. — Sont latérales, avec compartiments étanches, qui devaient se remplir d'eau lorsqu'elles étaient vides, afin de conserver à la coque ses lignes, son immersion et sa stabilité. Cette installation a été reconnue inutile par la pratique.

Dans les conditions qui viennent d'être exposées, il a été vaporisé jusqu'à 36300 kilogrammes d'eau par heure ; la force relevée à l'indicateur sur les pistons s'est élevée jusqu'à 2702 chevaux de 75 kilogrammes, mais elles ne dépassent guère ordinairement dans les conditions de régime 1400 chevaux.

Nouvelle machine. — Directe, à bielles en retour, rappelle le type de *l'Algésiras* modifié par M. Mazeline.

N° 4. *Charlemagne.* — Vaisseau mixte proprement dit, ancien voilier modifié et effilé de l'arrière sous la direction de l'ingénieur Dorian. Machine en arrière du grand mât. Chaudières à l'avant sur deux lignes longitudinales, avec allée au milieu. Hélice installée avec puits. Voir dans Paris, *Traité de l'hélice,* des détails très-intéressants d'expérience et de description.

N° 5. *Wagram.* — Quadruple machine horizontale à bielles

courtes directes (Voir Paris, *Traité de l'hélice*, pl. XIII, fig. 8 et 9. Lumières d'entrée, 570 centimètres carrés; de sortie, 834 centimètres carrés. Pompes à air, diamètre, 0^m,62; course, 0^m,62. La machine occupe 9^m,30 de long, 6^m,20 de large et 4^m,80 de haut. 6 chaudières sur 2 cheminées hautes de 12 mètres sur 1^m,60 de diamètre; chaque grille, $\dfrac{2^m,20}{2^m,65}$; dans chaque chaudière, 14250 litres de vapeur et 14250 d'eau. Les vaisseaux *Navarin*, *Fleurus* et *Prince-Jérôme* sont du même type et semblables au *Wagram*.

N° 6. *Eylau*. — Voir la machine du même type dans le *Traité de l'hélice* de M. Paris, pl. XII, fig. 1 et 2, et texte, p. 404. Remarquer surtout l'arbre à manivelles opposées pour annuler les actions perturbatrices; mais il coûte très-cher de remplacement.

N° 7. *Jean-Bart*. — Un des premiers vaisseaux mixtes, muni de quadruples machines directes. Voir sa description au *Traité de l'hélice* de M. Paris, p. 422. Voici les dimensions non indiquées au tableau : surface occupée par la machine, 32 mètres carrés; 4 pompes à air à simple effet, diamètre, 0^m,75 ; course, 0,50. Détente variable, de 0,3 à 0,8. Poids de la machine, 130 tonneaux ; 4 chaudières tubulaires marines à 4 foyers chacune, ayant ensemble 26 mètres carrés de grille, 630 mètres carrés de chauffe; la chambre de vapeur est de 5400 litres. L'hélice est installée pour l'affolement sans puits de remonte.

N° 8. *Algésiras*. — Sa machine est un type aujourd'hui consacré et étudié par M. Dupuy de Lôme, remarquable par sa solidité et son peu de volume. Elle occupe 7 mètres de long et 6 mètres de large, soit 42 mètres carrés de surface. Voir la description au *Traité de l'hélice* de Paris.

N° 9. *Tourville* (et *Duquesne*). — Vaisseaux mixtes à formes pleines, un peu bas sous les ponts. Machines à quadruple cylindre alternant de part et d'autre sur les deux bords avec les condenseurs (type du *Primauguet*), très-commodément installées pour le service ; décrite au *Traité* de M. Paris, p. 427. Voici quelques dimensions non portées au tableau : surface occupée par la machine, 43 mètres carrés sur 7^m,25 de long et 6 mètres de large. Hauteur, 2^m,85 au-dessus de la carlingue ; diamètre de l'arbre porte-hélice, 0^m,40.

Les chaudières constituent 6 corps en deux lignes longitudinales en avant de la machine avec allée de chauffe au milieu, et une seule cheminée ayant 2^m,44 de diamètre et 15^m,45 de hauteur au-dessus des chaudières ; les chaudières sont tubulaires en retour ; elles contiennent 1055 tubes en laiton, longs de 2^m,45 sur 0^m,15 de diamètre ; le volume de vapeur est de 69100 litres et celui de l'eau de 90300.

N° 10. *San-Jacinto.* — Aux renseignements du tableau nous ajouterons les dimensions suivantes : trois corps de chaudières de la machine en arrière offrent 19 mètres carrés de grille, 477 mètres carrés de chauffe et une section de carneaux de 3^{mq},25 et 2^{mq},97. La cheminée a 3^{mq},157 de section et 9^m,72 de hauteur. L'hélice a été plusieurs fois changée : la première avait 6 ailes à pas croissant de 10^m,67 à 12^m,20 ; la deuxième hélice avait 4 ailes, un diamètre de 4^m,12, un très-long pas croissant de 12^m,20 à 13^m,72, dont on estima le recul à 22 pour 100. L'hélice actuelle est en bronze, avec pas fixe de 9^m,87 et un recul constant de 26 pour 100. La machine est pourvue d'un condenseur à surface de Pirsson.

Il est mâté en goëlette avec 1534 mètres carrés de voiles. Voir dans les traités de Bourne et Paris le précis des essais. C'est cette frégate qui a joué un grand rôle au début du conflit américain avec le steamer anglais *Trent*, en 1861; elle a alors montré de remarquables qualités nautiques.

N° 11. *Flibany.* — Pas de renseignements.

N° 12. *Général-Amiral.* — Vaisseau russe à vapeur proprement dit, grande puissance motrice par la vapeur et la voilure qui est très-développée. Tonnage, 4305 tonneaux ; contenance des soutes, 750 tonnes de houille ; poids des machines, 175 tonnes ; six corps de chaudières tubulaires pesant 250 tonneaux et ayant 38 foyers et 2760 tubes de 2^m,13 de long sur 0^m,76 de diamètre ; surface totale de grille, 56 mètres carrés : cheminée, diamètre, 3^m,33 ; hauteur au-dessus des chaudières, 17^m,76.

N° 13. *Duke-of-Wellington*, Ancien *Windsor-Castle*, magnifique vaisseau à trois ponts de 130 canons; voilier converti en vapeur mixte et allongé de 23 pieds. Les chaudières et machine occupent 21^m,35 entre le grand mât et le mât d'artimon, les chaudières étant en avant ; celles-ci sont tubulaires, au nombre de quatre, et pèsent 25 tonneaux chaque. Les machines, rappelant l'ancienne du vaisseau français *le Napoléon*, ont 2 cylindres du même côté, le grand engrenage étant en contre-poids sur l'autre bord; elles avaient antérieurement une autre destination et n'ont pas été construites spécialement pour le vaisseau. Chaudières, 4 corps en un groupe avec 20 foyers ; Murray évalue la force motrice à 780 chevaux nominaux et 2300 chevaux effectifs à l'indicateur. L'appareil est tout entier à 1^m,50 sous la ligne d'eau ; les soutes, l'entourent latéralement sur 4 mètres d'épaisseur. Le bâtiment est bon marcheur et gouverne bien ; sa voilure est de la plus grande dimension. L'artillerie comprend 114 canons de 32 pouces, 16 canons de 8 pouces et 1 à pivot de 68 pouces et 5 mètres de long ; elle pèse 800 tonnes avec ses munitions. Il peut y avoir à bord de 1000 à 1100 hommes.

No 14. *Agamemnon*.— Vaisseau à deux ponts, mixte, à formes pleines, avec voilure totale de 9100 mètres carrés, détaillé dans l'ouvrage de M. Paris. La machine occupe un espace très-restreint entre le grand mât et l'artimon ; les chaudières sont à l'avant sur deux lignes, avec allée au milieu et une seule cheminée. L'hélice pèse 8 tonneaux. Le navire éprouve de fortes vibrations ; cependant sa marche est excellente ; y a eu à bord un accident célèbre rapporté dans l'ouvrage de M. Paris, p. 371. Dans une rupture de l'arbre porte-hélice, la machine, en s'emportant, a causé un effroyable ébranlement général.

No 15. *Saint-Jean-d'Acre*. — Beau vaisseau à trois ponts de 100 canons, dont 72 de 32 pouces et 1 à pivot de 68 pouces ; un des plus fins d'Angleterre parmi les vaisseaux mixtes; magnifique machine à fourreaux de Penn.

No 16. *Ajax*. — Gros vaisseau à deux ponts, ancien voilier transformé ; quoique son artillerie ait été depuis réduite à 60 canons, il est (dit Bourne) lourd à la marche et fatigue beaucoup; il a été mâté en frégate. Voir *Traité de l'hélice* de M. Paris, pl. V.

No 17. *Bleinheim*. — Même observation que pour l'*Ajax*.

No 18. *La Hogue*. — Même observation que pour l'*Ajax*, mais un peu meilleur. Chaudières décrites dans Tredgold, t. IV, et composées de deux corps longitudinaux où le corps tubé commun est à côté des batteries de foyers sous la cheminée. Voir aussi *Traité de l'hélice* de M. Paris.

Nᵒˢ 20 à 26.— Vaisseaux anglais de diverses classes, généralement anciens voiliers qui viennent d'être allongés et récemment transformés en steamers mixtes. Pas de renseignements complémentaires, sauf ceux-ci : l'appareil du *Malbro,* vide, pèse 527 tonneaux ; celui du *Royal-Sovereing* est de 506 tonneaux, vide, et avec accessoires et eau en marche, 617 tonneaux.

Nᵒ 27. *Warrior.* — Bâtiment anglais cuirassé. Coque divisée en 37 compartiments étanches ; lignes fines ; étrave courbe élancée en col de cygne avec riche poulaine ; poupe plate ; les flancs rentrent par le haut. La longueur totale extérieure est 127ᵐ,70 ; la hauteur extérieure est 13ᵐ,77 ; le navire jauge 6117 tonneaux. Le bordage est formé jusqu'à 1ᵐ,50 environ au-dessous de la ligne d'eau par une cuirasse de fer aciéreuse de 0ᵐ,114 ; il pèse 950 tonneaux. Derrière existe une double épaisseur de teak ayant 0ᵐ,53. Les couples sont en fer à T distant en moyenne de 1 mètre ; il y a 3 étages intérieurs. La batterie est à 2ᵐ,95 au-dessus de la ligne d'eau ; mâture d'un vaisseau de 80 très-sensiblement reportée sur l'arrière ; machine à fourreau, horizontale, système Penn, avec manivelles équilibrées, suivant le système Mazeline ; l'arbre porte-hélice a 39ᵐ,53 de longueur et 0ᵐ,431 de diamètre. L'hélice est en métal de canon avec puits de remonte ; elle appartient au système Griffith.

Les chaudières, au nombre de 10 corps, sur deux lignes parallèles, avec allée de chauffe au milieu, sont à l'avant de la machine à égale distance entre le mât de misaine et le grand mât ; elles sont tubulaires, occupent 24ᵐ,32 de longueur dans la coque et contiennent 4400 tubes de cuivre ; il y a 2 cheminées-télescopes de peu de hauteur et ayant 2ᵐ,30 de diamètre chacune. Les soutes contiennent 900 tonneaux de charbon, calculées pour une consommation de 7 jours à toute vapeur. Il y a 660 hommes à bord et un armement de 34 canons de 68 livres en batterie, plus 6 armstrong de 40 livres et 2 armstrong à pivot de 100 livres. Le bâtiment complet a coûté, dit-on, 11 millions et demi de francs. Voir, sur la fabrication du blindage, la note de M. Flachat aux ingénieurs civils de Paris, du 4 octobre 1861.

Nᵒ 28. *Achille*. — Vaisseau blindé anglais semblable au *Warrior*, mais un peu plus large, jaugeant 6089 tonneaux; le milieu seul, correspondant à la batterie, est blindé. Le bâtiment complet a coûté, dit-on, 12 millions de francs.

Nᵒ 29. *Royal-Albert*, ainsi que *Caledonian, Océan et Triumph*. — Vaisseaux à vapeur blindés, de 91 canons, jaugeant 4045 tonneaux.

1264. ADDITIONS AU TABLEAU T (2ᵉ PARTIE), FRÉGATES, CORVETTES ET AVISOS.

Nᵒ 1. *Rattler*. — Frégate célèbre par les expériences faites à son bord avec un grand nombre d'hélices et sur leur comparaison avec les roues (voir nᵒ 1080), fut le premier navire de guerre à hélice; il eut même à l'origine l'hélice primitive de Smith. Machine à double cylindre, type de la frégate à roues *Retribution*, mais mise en travers et conduisant un engrenage.

Nᵒ 2. *Amphion*. — Frégate, ancienne voilière transformée en vapeur mixte par allongement, après le sciage de la coque.

Nᵒ 3. *Mœgera*. — Pas de renseignements.

Nᵒ 4. *Termagant*. — Grosse et belle frégate. La machine et les chaudières occupent sous la flottaison 25ᵐ,84 dans la longueur de la coque.

Nᵒ 5. *Arrogant*. — Grosse et lourde frégate anglaise à formes pleines avec grande mâture; jauge, 1870 tonneaux; elle a eu la première *trunk-engine* de Penn, l'utilisation est réputée très-remarquable et l'installation excellente. Pour 8 nœuds 1/2 de vitesse sous vapeur seule, la consommation aurait été dans les essais 2ᵏ,24 par cheval effectif et par heure. On dit que la chambre de chauffage est ventilée par une machine supplémentaire mouvant aussi les pompes et appartenant aussi au système à fourreau. Voir la description intéressante au *Practical Magazine* et dans l'*Artizan*.

Nᵒ 6. *Dauntless*. — Grosse frégate célèbre par les expériences auxquelles elle a servi pour déterminer les meilleures formes à donner aux façons arrière pour la bonne marche des hélices; elle a été allongée, effilée en proportion et rendue plus rapide, ainsi qu'il est indiqué au tableau: sa surface de voiles égale 1950 mètres carrés. Voir la description et les dessins très-complets dans Tredgold.

N° 8. *Victoria*. — Immense frégate de construction récente, remarquable par sa largeur.

N° 9. *Mersey*. — Nouvelle et immense frégate à grande vitesse, une des plus belles œuvres navales qui aient encore paru; jauge 3726 tonneaux, brûle 140 tonneaux de houille par jour; 32 foyers, 3 machines auxiliaires; les soutes portent 830 tonneaux.

N° 10. *Howe*. — Grande frégate nouvelle du genre de la *Victoria*.

N° 11. *Orlando*. — Même notice que pour le *Mersey*. Ses mâts pèsent 80 tonneaux, le principal a 0m,93 de diamètre. Ce bâtiment est considéré en Angleterre comme l'un des plus beaux types connus des grandes frégates.

N° 12. *Simoon*. — Navire en fer pour transport de troupes, décrit dans Tredgold. Machines peu spacieuses et réputées douces de mouvement, chaudières en 4 corps dos à dos avec façades et chambres de chauffage opposées; cheminée-télescope ayant 1m,95 de diamètre et 11 mètres de hauteur au-dessus des chaudières; l'emplacement total de la machine et des chaudières avec leurs chambres, entre les deux soutes latérales, a 17 mètres de longueur et 6m,70 de largeur.

N° 13. *Liverpool*. — Grosse frégate jaugeant réellement 2654 tonneaux. Son hélice appartient au système Griffith. Ses soutes contiennent 400 tonneaux, dans la supposition d'une consommation de 60 à 70 tonneaux par vingt-quatre heures de marche à toute vapeur.

N° 14. *Greenock*. — Voir quelques détails descriptifs sur la machine, dans les traités de Bourne et de Paris.

N° 15. *Phœbe*. — Vieille et grosse frégate qui vient d'être allongée par l'avant et le milieu de 18m,24 en tout, rendue plus fine et pourvue d'une machine à vapeur. Elle jauge 2848 tonneaux; la machine est derrière le grand mât, ayant en avant ses

chaudières tubulaires, que sépare une soute longue de 2 mètres
L'hélice appartient au système Griffith.

N° 16. *Pomone*. — La première frégate française où aient été
réunis les agencements modernes, savoir : mise sous la flottaison
des machines et chaudières, action directe d'une machine où les
2 cylindres sont accolés sur le même bord, pompes horizontales
à double effet avec clapets en toile élastique, type courant de
chaudières tubulaires en retour ; ces chaudières étaient en cuivre. Voir la description de la machine dans Paris (*Traité des
hélices*, pl. II).

N° 17. *Isly*. — Cette belle et bonne frégate, bonne marcheuse,
assez fine et très-douce de mouvements, eut d'abord une machine à engrenage, oscillante, à 4 cylindres se regardant deux à
deux, où, sauf les cylindres et bases des condenseurs, tout était
en fer forgé réduit à l'excès au minimum de poids. C'est la dernière machine de ce genre qui ait été faite pour nos grands navires
de guerre ; le constructeur l'a remplacée par une quadruple machine horizontale à cylindres fixes, décrite dans Paris (*Traité des
hélices*, pl. XII). La machine occupe 5 mètres dans la longueur,
7^m,60 dans la largeur ; son poids est de 400 tonneaux ; elle repose
sur une forte table de fondation en deux pièces boulonnées.

N° 18. *Souveraine*. — Une des plus belles frégates mixtes de la
marine française, à formes pleines et arrondies. Même type de
machine que dans le vaisseau *le Tourville*.

N° 19. *Vittorio-Emmanuel*. — Très-beau bâtiment construit
d'abord pour une autre destination. Lignes d'eau un peu creuses à
l'avant ; machine trunk d'un système particulier ; les deux cylindres, ayant à côté d'eux leur appareil condenseur, sont placés
chacun de part et d'autre de l'arbre porte-hélice ; les pompes sont
également à fourreau, distribution à coulisse Stephenson ; l'appareil occupe 4^m,50 de longueur, 6 mètres de largeur et 2 mètres
de hauteur environ ; chaudières tubulaires à 2 corps sur une
même cheminée ; 12 foyers de 1^m,90 sur 0^m,75, 840 tubes de 6^m,99
sur 0^m,073.

N° 20. *Encounter*. — Sloop à vapeur qui, avec l'*Arrogant*, a
inauguré les *trunk-engines* de Penn ; l'utilisation de ces machines
est remarquable, elle a été trouvée égale à 0,76 environ. Voir ce

qui est dit pour l'*Arrogant*. La mâture porte 1848 mètres carrés de voiles.

N° 21. *Conflict*. — Machine directe, mais semblable à celle du *Termagant*. Même tableau ci-dessus.

N° 22. *Desperate*. — Classé comme sloop sur d'autres états. Ses chaudières sont d'un système particulier où le corps tubé est distinct et sur le côté des foyers. Voir la description détaillée dans Tredgold. On y compte 1524 tubes, longs de $1^m,55$ sur $0^m,0632$, leur surface est de $461^m,38$, celle du foyer de 130 mètres, et il y a ainsi 591 mètres carrés de chauffe, soit $1^{mq},50$ par cheval nominal avec 20 mètres carrés de surface de grille, soit par cheval 5 décimètres carrés ; le volume de vapeur est de 46864 litres ; le poids de l'eau est de 60 tonneaux ; le cube total de la chaudière est de 170 mètres.

N° 23. *Niger*. — Grande corvette qui a naufragé il y a quelques années. Ses chaudières étaient d'un système tubulaire direct décrit dans Tredgold, t. IV. Elles constituaient 4 corps, placés par paire, dos à dos dans la longueur du navire avec façades opposées et des passages d'homme entre deux, une seule cheminée les commandant ; elles contenaient en tout 1566 tubes, dont la surface de chauffe a 471 mètres carrés, celle du foyer 63 mètres carrés ; pour la surface de chauffe totale, 534 mètres carrés, soit par cheval nominal $1^{mq},34$; la surface des grilles, $21^{mq},55$, soit par cheval 5,3 décimètres carrés ; leur volume de vapeur était de 56031 litres.

N°s 24 et 25. *Rifleman*. — Ancien voilier dont, après essais, on modifia notablement les façons à différentes reprises ; il en résulta qu'avec une nouvelle machine moitié moins forte, la vitesse du navire a augmenté de 1 nœud 1/2.

N° 26. *Caton*. — Corvette en fer à façons fines qui marche très-bien à la voile ; l'hélice s'affole sans puits de remonte. Les dents de la grande roue en se brisant ont causé de graves blessures au début ; on l'a remplacée par une roue à dents de bois qui fonctionne bien. Ses chaudières, réputées insuffisantes et consommant beaucoup, sont timbrées à 4 atmosphères ; elles sont tubulaires et fonctionnent avec jet de vapeur dans la cheminée.

N° 27. *Rolland*. — Belle et très-bonne corvette à formes fines, avec arrière rond, 2 mâts de brick avec beaupré. Machine à 4 cylindres accouplés deux à deux et dos à dos, du même type que celle de *la Biche* décrite dans le Recueil d'Armengaud ; ses chaudières sont bonnes et consomment très-peu, elles forment un seul groupe à l'avant de la machine avec une même cheminée. Le pas de l'hélice est varié de 4^m,26 à 5^m,76 ; cette hélice s'affole sans puits de remonte. Le navire a une très-belle vitesse sous voiles et sous vapeur, ensemble ou séparément, et il donne très-bien la remorque. Il a été fait sur ce navire de belles expériences d'utilisation par M. l'ingénieur Lebouleur ; elles sont relatées dans le *Traité de l'hélice* de M. Paris. La consommation du combustible est de 50 tonneaux 1/2 par 24 heures.

N° 28. *Primauguet.* — Très-belle corvette de premier ordre armée de 8 gros canons et pourvue d'une très-belle mâture ; façons fines et à peu près égales ; elle a eu la première *butée à filets* connue en France ; sa machine est du même type que celle du *Tourville* et de *la Souveraine*, ci-dessus ; elle est même la première et on a donné à ce type le nom du navire ; les chaudières consistent en 4 corps tubulaires directs, formant deux groupes placés des deux côtés de la machine, l'un à bâbord et l'autre à tribord, les chaudières étant dos à dos avec façades et chambres de chauffe opposées. *Le Primauguet* a affronté, avec succès, d'effroyables tempêtes dans les mers de Chine.

N° 29. *Chaptal.* — Cette corvette, construite en fer et renversée la quille en l'air, dans les ateliers de M. Cavé, à Paris, a été montée et lancée à Asnières avec un plein succès. Elle est descendue lége à Rouen, où les machines ont été montées. Quoiqu'elle ait, dit-on, le défaut de *rouler un peu*, elle a fait, en somme, un très-rude et très-bon service ; elle a notamment remorqué 2 bricks de guerre par un mauvais temps, à la vitesse de 6 nœuds 1/2. *Le Chaptal* eut le premier puits connu pour la remonte de l'hélice et diverses installations décrites par nous dans le *Bulletin de la Société d'encouragement* en 1853, lesquelles furent proposées, dès 1843, par M. le capitaine Labrousse avec M. Cavé.

N° 30. *Pélican.* — Corvette célèbre par les expériences faites à son bord pour étudier les divers systèmes d'hélice. Voir Bourne et Paris, *Traités de l'hélice*, p. 87 et suiv.

Nᵒˢ 31 et 32. *Biche.* — Cet aviso, a eu d'abord, ainsi que l'aviso *Sentinelle*, une machine à engrenage et à 2 cylindres dos à dos et bielles en retour, de Mazeline, décrite dans le Recueil d'Armengaud. Plus tard, à titre d'essai, il lui a été appliqué, sous la direction de M. l'ingénieur Sochet, une machine à très-haute pression sans condensation, avec générateur serpentin de Belleville, dont les cylindres sont inclinés vis-à-vis, de haut en bas, comme en la figure 87, sur un bâti un peu trop faible. Les études se poursuivent encore.

Nᵒ 33. *Eclair.* — Coque très-pleine, ramassée et couverte d'un blindage en fer fort ; bordage très-élevé ; machine à 2 cylindres accouplés côte à côte avec distribution à coulisse de Stephenson, haute pression sans condensation, véritable mouvement de locomotive mis en travers du bateau ; en face, de l'autre côté de l'arbre porte-hélice, est un appareil distillatoire ; 4 corps de chaudières à tubes directs, dont on voit le dessin au *Traité des machines marines* de M. Ortolan ; chacun contient 39 tubes, longs de 2ᵐ,50 sur 0ᵐ,08 de diamètre. L'hélice nous paraît trop engagée dans les façons arrière qui sont trop pleines ; elle doit tourner, pour ainsi dire, dans le vide et il est probable que la force nominale de la machine est incomplétement utilisée. Les chambres de machines sont en outre trop enfermées, et la chaleur y est très-élevée.

Nᵒˢ 34 et 35. — Pas de renseignements.

1265. ADDITIONS AU TABLEAU U DES BATEAUX DE RIVIÈRE.

Nᵒ 1. *Fulton.* — Très-ancien bateau américain, construit en bois, par Fulton lui-même, avec machine anglaise du célèbre Watt.

Nᵒ 2. *Livingston.* — Même observation. Voir *Bulletin de la Société d'encouragement,* 2ᵉ série, t. XLVI, p. 637.

Nᵒ 3. *Clémence-Isaure.* — Beau petit bateau en fer. Décrit dans le mémoire sur la navigation fluviale de MM. Callon et Mathias.

Nᵒ 4. *Parisien* nᵒ 1. — Bateau en bois d'une forme particulière, ayant fait un long et excellent service sur la haute Seine.

Voir la description au *Bulletin de la Société d'encouragement*, 1re série, t. XXXVII, p. 3.

N° 5. *Parisien* n° 2. — Très-joli bateau en fer à grande vitesse. Etrave à 45°; arrière plat très-élégant; construction soignée. Fait encore son service sur la Saône, mais a été bien altéré dans ses formes primitives. Machine volumineuse à très-basse pression; chaudière tubulaire en retour avec tirage naturel par une très-grosse cheminée.

N° 6. *Parisien* n° 4. — Même type de bateau, très-rapide et très-élégant, mais avec arrière rond bien dégagé; façons d'une finesse rare. Même type de machine; 2 grosses chaudières dos à dos, tubulaires en retour, avec chacune une énorme cheminée pour tirage naturel, que l'on renverse par un cric.

N° 7. *Papin* n° 9. — Beau et fin bateau en fer, très-élégant, très-rapide, utilisant bien sa force motrice; façons extrêmes creuses à la ligne d'eau. Son ancienne machine anglaise de Jakson (fig. 89) a été transformée en machine horizontale (type du Creusot, fig. 96), mais avec pompe à air verticale à simple effet; chaudière tubulaire du type de la figure 75, à tirage forcé.

N° 8. *Avant-Garde* n° 3. — Excellent type de bateau de moyenne vitesse, large, très-stable, très-commode; élégantes formes, étrave rectiligne inclinée à 45° environ; arrière arrondi et surplombant en forme de gondole; grand nombre de fenêtres rapprochées et carrées avec angles arrondis; façons un peu creuses à la ligne d'eau, plus longues à l'arrière. Machine de Jakson (fig. 89), chaudière à tirage forcé. Fait encore un bon service sur le Rhône.

N° 9. *Avant-Garde* n° 6. — Un des plus beaux et des plus rapides bateaux qu'il y ait eu sur la Saône et le Rhône. Mêmes façons que le précédent, mais bien plus effilé; sur chaque flanc 41 fenêtres; même type de machine que dans le *Papin*. Voici quelques dimensions complémentaires : effilement des façons avant, 27 mètres; effilement des façons arrière, 30 mètres; ces façons sont un peu creuses aux extrémités à la ligne d'eau. Rapport du déplacement du bateau au parallélipipède circonscrit, 0,598; vide de voyageurs et marchandises, le navire cale 0m,67. Dans la machine, les deux pompes à air, verticales à simple effet, ont pour diamètre 0m,32 et pour course, 0m,50; la chambre du condenseur égale trois fois la pompe. Chaudière tubulaire du type figure 75, à tirage forcé très-violent. A l'origine, ce bateau remontait ses 136 kilomètres de parcours en 7 heures ; la vitesse contraire du courant étant de 0^m,60 à 0^m,65 par seconde ; on a effectué à vide le trajet de Châlons à Lyon et retour (272 kilomètres) en 11 heures, soit 24^{kil},5 à l'heure.

N° 10. *Hirondelle*. — Dernier type des anciens bateaux en fer de la Saône, à moyenne vitesse, à formes pleines et ramassées ; extrémités creuses à ligne d'eau ; arrière finissant en pointe rectiligne, avant fin et incliné avec une légère courbe concave ; fenêtres carrées très-écartées ; sur chaque flanc, tôles très-minces ; machine de Jakson (fig. 89) ; chaudière tubulaire directe du type de la figure 75. Grande rondeur de marche et de manœuvre ; remarquable stabilité ; service économique, que jamais aucun accident n'arrête.

N° 11. *Furet*. — Ancien petit bateau, à peu près du même type, mais plus fin, lequel a été allongé plusieurs fois.

N° 12. *Neptune*. — Beau et solide steamer à formes demi-marines. Coque en fer à fines formes, très-stable, arrière rond bien dégagé, étrave inclinée. La coque seule cale 0^m,45. Machine oscillante à cylindre vis-à-vis, avec lourds bâtis de fonte en triangle (type ancien de M. Cavé) ; grande rondeur de marche et de manœuvre. Lumières d'entrée, 0^m,30 sur 0^m,03 ; lumières de sortie double ; roues articulées. 2 chaudières tubulaires directes du type de la figure 75, à chaque bout de la machine, avec leur cheminée à tirage forcé, ayant chacune 6 mètres de haut sur 0^m,45 de diamètre. Chaque chaudière contient 2 foyers de 1^m,30 sur 1^m,90 et une batterie tubes au diamètre de 0^m,08. La longueur totale d'une chaudière est de 6 mètres. Primitivement, on avait installé des cheminées à tirage naturel, très-élevées et ayant 0^m,70 de diamètre. Belle et spacieuse installation pour les voyageurs ; belle vitesse. Il descend assez bien ses 24 kilomètres de parcours, contre vent et marée, en 1 heure 13 minutes, et consomme 3600 kilogrammes de houille pour quatre doubles voyages par jour.

N° 13. *Napoléon*. — Ancien bateau du service de Paris à Rouen, sous le nom de *Dorade* n° 3, mais altéré dans ses formes originaires, qui figuraient une navette glissant sur l'eau, et à formes convexes. Machine oscillante de la figure 92, qui a été plusieurs fois remplacée après un long et dur service. Chaudières cylindriques, système Cavé, très-lourdes, avec grosse cheminée tirant naturellement. Ce bâtiment a transporté de Rouen à Paris les cendres de l'empereur en 1840.

N° 14. *Belot.*—Du même type que l'*Avant-Garde* n° 6. Longueur des façons avant, 17 mètres; idem, des façons arrière, 20 mètres. Dans sa machine, les deux pompes à air verticales à simple effet ont 0^m,45 de diamètre et 0^m,56 de course. Voir la description de sa chaudière au numéro 220. Belle vitesse; il remontait en 7 heures, sur la Saône, 136 kilomètres, et sur le Rhône, 106 kilomètres.

N° 15. Les *Express* n° 1 et n° 2. — Furent une des curiosités de la flottille de Lyon; ils furent l'expression d'une lutte à outrance de vitesse sur le Rhône, où ils atteignirent 27 kilomètres en remonte et 32 kilomètres en descente. Ils suivaient très-bien les trains-omnibus du chemin de fer de Valence à Avignon. Mais leurs avaries étaient continuelles, et ils n'ont pu supporter que très-peu de temps leur rude service; les coques, en tôle mince, vibraient violemment en marche et s'arrachaient. Les coques, très-fines et légèrement creuses à la ligne d'eau aux extrémités, avaient 32 mètres de façons également à chaque bout; étrave rectiligne à 40°; arrière plat et vertical; sur chaque flanc, 42 fenêtres, presque en forme d'un 8. Rapport du déplacement au parallélipipède circonscrit, 0,66. Machine sur le modèle de celle de l'*Avant-Garde* n° 6. Section des lumières à l'entrée, 1/32 du piston; à la sortie, 1/18 du piston. La machine occupe dans la coque 10 mètres de longueur, et 3 mètres de largeur; les cylindres sont accolés, avec 1^m,60 de centre en centre. Chaudière tubulaire directe, système de la figure 75; 444 tubes, longueur de 3^m,50 sur 0^m,05 de diamètre; 3 foyers de 1^m,10 sur 1^m,50. Cheminée très-petite, à tirage forcé très-violent. Emménagements somptueux pour les passagers. Sans voyageurs ni marchandises, le bâtiment cale 0^m,66.

N° 16. *Ebro.* — Passant dans des écluses très-petites, les dimensions de ce bateau ont été réduites de toutes manières, par circonstance. Sa course de piston, très-réduite pour le système du Creusot, a dû être accélérée. La machine est à doubles cylindres horizontaux, à hauteur du pont et accolés, très-simple et très-commodément installée. Cette machine a figuré à l'exposition universelle de 1855. Voici un complément de dimensions : section des lumières, à l'entrée, 122 centimètres carrés; à la sortie, 240. 2 pompes à air horizontales à double effet : diamètre, 0m,30 ; course, 0m,50. La machine occupe dans la coque 6m,50 de longueur; 2m,50 de largeur et 3m,50 de hauteur. 2 corps de chaudière du type de la figure 75; longueur du conduit de flamme, 4m,50 ; une cheminée à tirage forcé, haute de 5m,60 sur diamètre de 0m,90 ; 2 grilles de 1m,20 sur 1m,42 ; volume de vapeur total dans la chaudière, 7800 litres ; volume total d'eau, 7040 litres. La consommation est en moyenne de 2 tonneaux 1/2 de houille par heure et cheval nominal.

No 17. *Saint-Georges*. — Remorqueur de rivière, en fer, ponté en bois. Formes pleines, façons convexes ; poupe ronde.

No 18. *Ariane*. — Voir sa description dans la publication belge dite *Portefeuille de John Cockerill*. Coque en fer, à formes demi-marines. Dans la machine, voici quelques dimensions complémentaires : lumières, 1/28 du piston pour l'entrée et 1/13 pour la sortie ; pompes à air à simple effet, diamètre, 0m,68 ; course, 0m,36 ; pression dans le condenseur, 0k,084 par centimètre carré. Les roues sont à aubes articulées; chaudière tubulaire en retour avec tirage naturel ; 3 foyers ; 11 mètres carrés de grille et 354 tubes de 1m,92 de longueur sur 7 centimètres de diamètre.

No 19. *Peterhoff*. — Coque en fer et bois, à formes demi-marines, construite en Angleterre pour fleuves en Russie. Très-rapide marche; chaudières tubulaires en retour, à deux corps transversaux accolés ; 6 foyers ; 496 tubes en cuivre ; longueur de 7 pieds sur 2,5 pouces de diamètre extérieur. Machine oscillante, type de Penn ; une seule pompe à air inclinée, à clapets de caoutchouc. Cette pompe a 0m,82 de diamètre et 0m,54 de course ; distribution Stephenson ; l'arbre porte-roues a 0m,225 de diamètre; les roues sont articulées. Voir dessin et description des machines et chaudières dans l'*Artizan* de novembre 1850 et janvier 1851.

No 20. *Viennois*. — Petit bateau en fer. Machine à haute pression, sans condensation. Lignes de la coque à peu près droites.

N° 21. *Aigle*. — Gros paquebot à marchandises et à petite vitesse sur le Rhône, conservé tel qu'il sortit du chantier. Coque en tôle de 6 à 4 millimètres ; formes pleines ; façons courtes, mais sensiblement concaves aux extrémités. A la ligne d'eau, l'avant se termine tout à fait en lame tranchante ; étrave inclinée ; arrière elliptique et en surplomb. La coque est totalement en tôle, rivée à recouvrement, même le pont, qui est plus élevé au milieu, au-dessus de la machine, se raccordant au reste par des pentes douces. Machine unique à cylindre de grande course et horizontal à la hauteur du pont (fig. 96). 2 corps de chaudières tubulaires directes, fig. 75 (un à chaque bout de la machine), avec leur cheminée respective à tirage forcé et très-basse. Service excellent, que jamais les avaries ne troublent.

N° 22. *Foudre*.—Même type de bateau, appartenant à la Compagnie Bonardel, mais avec un seul corps de chaudière en arrière de la machine.

N° 23 et 24. *Mississipi*. — Bateau de même service, même type et même Compagnie que le précédent. La machine seule occupe, dans la coque, 12 mètres de longueur, 2 mètres de largeur et 3^m,50 de hauteur. Il vient d'être remanié aux chantiers de la Compagnie. Il paraît être, en ce moment, le type le mieux approprié à la navigation du Rhône.

N° 25. *Mogador*. — Gros bateau à marchandises, en fer. Coque à peu près du même type que les précédentes, mais un peu plus effilée. Ancienne machine anglaise reconstruite.

N°° 26 et 27. *Océan* (et *Méditerranée*). — Deux gigantesques paquebots à marchandises du Rhône, originairement construits au Creusot, puis remaniés en diverses fois et allongés par l'ingénieur de la Compagnie Bonardel, à son chantier de Lyon, pour remonter jusqu'à 700 tonneaux de marchandises d'Arles à Lyon (280 kilomètres en 45 heures). Formes et particularités communes avec *l'Aigle*. L'un de ces paquebots s'est déformé vers le milieu dans le tournant très-court et très-rapide d'Avignon ; il a conservé cette déviation presque sans perdre ses qualités, et en ayant ainsi fait preuve d'une remarquable solidité. Dans la machine, la pompe à air horizontal à double effet (fig. 26) a 0^m,80 de diamètre et 1^m,80 de course. Chaudière du type de la figure 75, à

4 corps cylindriques contenant chacun 44 tubes de 5 mètres de longueur ; 4 foyers de 1,80 sur 1,10.

N° 28. *Papin* n° 6. — Voir le numéro 10 ci-après.

N° 29. *Papin* n° 10. — Gros paquebot à marchandises du Rhône, à peu près semblable au précédent, mais moins long (environ 100 mètres). Voici quelques dimensions complémentaires : lumières du cylindre à vapeur, à l'entrée, 855 centimètres carrés; à la sortie, 1740 centimètres carrés ; une pompe à air horizontale : diamètre, 0m,60; course, 1m,20. La machine seule occupe dans la coque 14m,40 de longueur, 2m,40 de largeur et 4m,55 de hauteur, avec une très-commode installation. En tout, la chambre des machines, chaudières, soutes, etc., peut avoir 30 mètres de longueur sur toute la largeur de la coque ; 2 grands corps de chaudières tubulaires du type de la figure 75, sous une même cheminée à tirage forcé, haute de 6 mètres avec 0m,70 de diamètre ; 2 grilles de 1,70 sur 1,74. Dans chaque chaudière, il y a 10650 litres de vapeur et 11000 litres d'eau. La consommation promise de combustible est de 2k,5 par cheval et par heure.

N° 30. *François-Joseph.* — Beau bateau en fer, à formes ramassées, mais fines, et convexes à la ligne d'eau pour le transport des voyageurs et des marchandises sur le haut Danube. Sur la moitié postérieure du pont s'élève un second étage, ponté lui-même, comprenant les emménagements spacieux et splendides des voyageurs de première classe. Machine anglaise de Rennie, semblable à celle du *Peterhoff* ci-dessus, ayant une force nominale d'environ 260 chevaux.

N° 31. — *Reindeer.* Spécimen des édifices flottants des fleuves américains. Elevé de plusieurs étages sur une coque proprement dite, creuse elle-même de 2 à 3 mètres. Le *Reindeer* est d'une grande vitesse, soit 24 milles à l'heure en eau morte ; le fond est plat ; les lignes des façons extrêmes sont droites ; l'arrière est rectiligne et vertical ; l'étrave décrit un quart de cercle ; sa machine est à peu près celle de la figure 90. Le poids total de l'appareil moteur est de 77 tonnes, savoir : 13 tonnes pour la machine, 20 tonnes pour les roues et 44 tonnes pour le générateur. Voir dans Tredgold la description d'un bâtiment de ce genre;

voir aussi le Mémoire de M. Marestier sur la navigation en Amérique.

N° 32. *Atlantic*. — Même type que le précédent. Pas de renseignements.

N° 33. *May-Flower*. — Même type que le précédent. Sa vitesse aurait atteint, dit-on, 40 kilomètres à l'heure.

N° 34. *American*. — Bateau du même genre que les précédents, l'un des plus somptueux et des plus considérables. Le modèle est au Musée de la marine (au Louvre, à Paris). La coque a la forme d'une navette, avec un très-long effilement des façons extrêmes, lesquelles sont égales, droites à la ligne d'eau en arrière et légèrement concaves en avant. L'arrière est droit, sans évasement de poupe ; l'avant offre une courbe régulière ; le fond est totalement plat. Au-dessus de la coque proprement dite sont édifiés la machine, les chaudières et deux étages de cabines et salons, entourés, en tout ou en partie, de galeries. Les chaudières sont en porte-à-faux derrière les roues, au-dessus de l'eau, avec d'énormes cheminées à tirage naturel. Le haut du cylindre est à la naissance du pont de l'étage supérieur ; le bâti de la machine est en bois. La coque est fortifiée au milieu par deux armatures en bois, et dans toute la longueur par une multitude de mâts et de tirants. Les roues sont à aubes fixes ; six trempent ensemble sur chaque roue.

N° 35. *Rochester*. — Du même genre que le précédent. Les dimensions du tableau ne sont pas très-certaines, et s'il s'agit bien du même bâtiment, voici les dimensions que nous fournissent d'autres documents : longueur, 97ᵐ,50 ; largeur hors tambours, 19ᵐ,45 ; diamètre du cylindre, 1ᵐ,65. Au-dessus de la coque proprement dite s'élèvent trois étages à galerie. Les roues sont un peu reportées sur l'avant, ayant les chaudières en arrière, composées de deux groupes côte à côte, avec chacun leur cheminée respective très-élevée. L'arrière de la coque est vertical ; l'avant offre un quart de cercle au-dessous de l'eau pour se raccorder au fond, et il se dresse verticalement au-dessus de l'eau.

N° 36. *New-World*. — Bâtiment du même genre que le précédent, l'un des plus beaux, dit-on, de l'Hudson. On affirme que sa vitesse a atteint 40 kilomètres à l'heure. Longueur totale, 115ᵐ,52 ;

largeur totale, 25^m,84. Le pont de la coque proprement dite ressort
en dehors de toute la largeur des tambours ; au-dessus s'élèvent
4 étages, dont les trois du bas sont entourés de galeries bordées
de mains-courantes. On y compte 347 chambres et 680 lits pour
passagers. Tout cet ensemble est fortifié par un système compli-
qué de mâts et de tirants. La machine est à peu près exactement
celle de la figure 90 ; elle est à moyenne pression, distribution
par clapets et condensation. Les chaudières sont tubulaires,
à gros tubes directs, en 2 corps dont chacun, avec sa cheminée
respective, s'élève sur le pont, derrière les tambours des roues.
Un autre état, qu'on nous a fourni, donne des dimensions différentes de celles qui figurent au tableau, savoir : bau, 15^m,20 ;
diamètre de piston, 2^m,10 ; diamètre de roues, 13^m,98.

N° 37. *Memphis*. — L'un des nouveaux bateaux pour grande
vitesse et haute pression, du Mississipi. Voir *the Engineer journal*, 1860, p. 416. Aux renseignements du tableau nous ajouterons ceux-ci : Plusieurs étages s'élèvent en forme de dunettes sur
le pont principal et donnent une hauteur totale de 15^m,24. La
coque légé calé 0^m,61. Les machines appartiennent au type à
très-haute pression sans condensation, avec distribution par cla-
pet et à cylindre fixe incliné d'environ 25 degrés, et mis côte à
côte avec allée de service au milieu. Les bielles motrices ont
9^m,73 de longueur ; elles conduisent isolément les roues à aubes.
La vapeur est fournie par 4 chaudières tubulaires longues de
9^m,10 sur 1^m,10 de diamètre ; les grilles ont 1^m,22 de longueur et
ensemble 6^m,90 de surface. Les chaudières pèsent 30 tonnes ;
la machine, ses roues et accessoires, 130 tonnes ; en tout pour
l'appareil moteur, 175 tonnes. La vitesse en eau morte s'est élevée à 18 milles (33 kilomètres). La consommation du bois est en
moyenne de 5 livres par cheval et par heure.

N°s 38 et 39. *Citizen* et *Watermän*. — Deux types des bateaux-
omnibus qui font sur la Tamise, dans Londres, le remarquable
service que l'on connaît. Coque en fer ou en bois, à formes demi-
marines, très-fines, à façons droites ; stabilité, rondeur de marche
et de manœuvre remarquables. Il n'y a sous le pont, aux deux
bouts de la machine, que deux petites chambres très-basses de
plafond. Les machines (de Penn, Miller ou Spiller) sont de vrais

bijoux ; elles fonctionnent avec une admirable douceur. Les chaudières sont tubulaires en retour, à deux foyers avec une cheminée assez élevée, et de $0^m,40$ à $0^m,60$ de diamètre, avec tirage forcé par un jet médiocre de vapeur.

No 39. *Monoroue.* — Bateau en fer pour transport des marchandises, avec une roue unique, dans une loge à l'arrière, mue par une paire de machines oscillantes inclinées. 2 chaudières tubulaires en avant de la machine. Voir fig. 63 et 92.

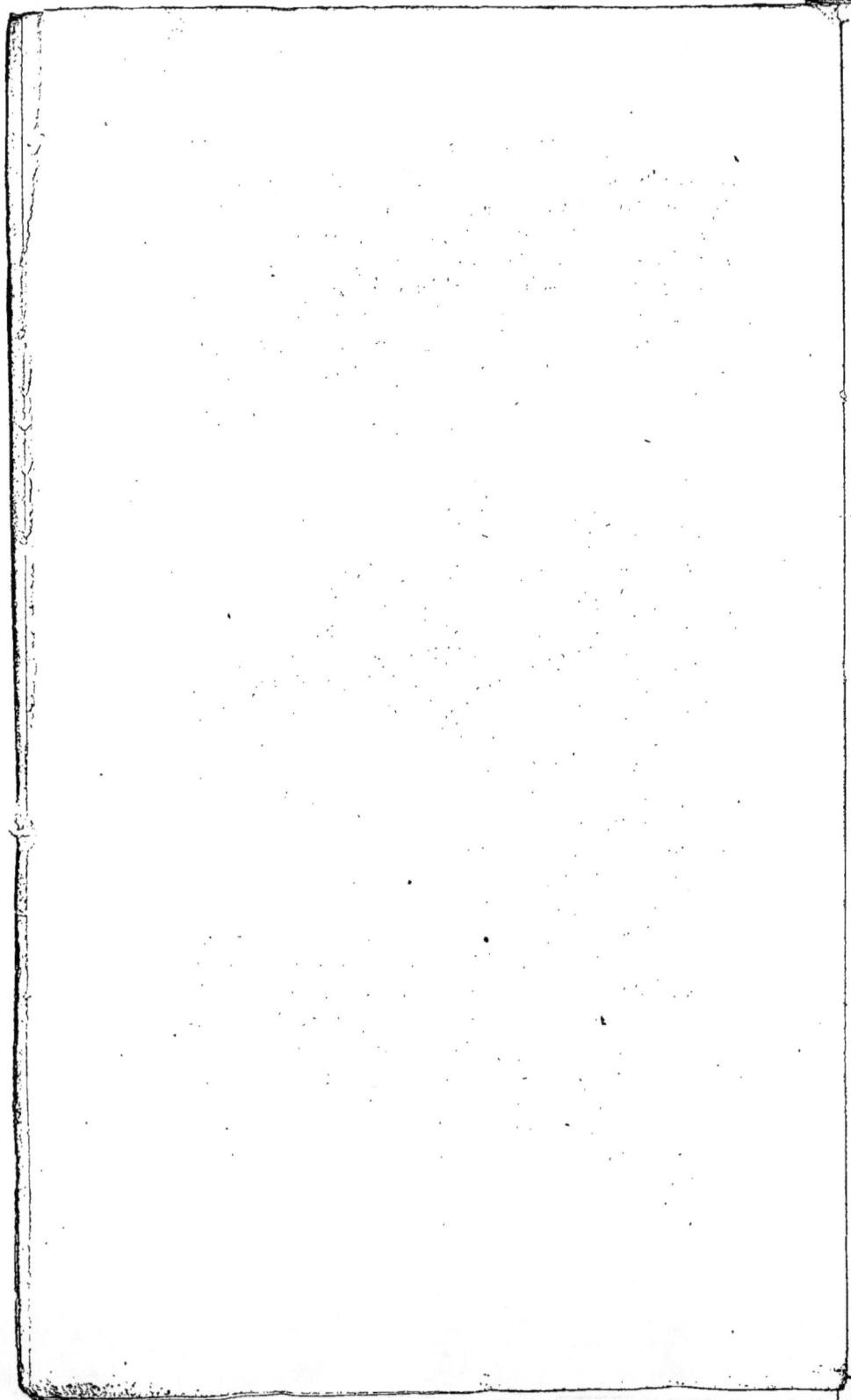

CHAPITRE II.

Appendice.

————

1266. APPENDICE AUX N°s 138-169, SUR LE SÉCHAGE DE LA VAPEUR.

Il importe d'ajouter à ce que nous avons dit touchant l'avantage général d'enlever à l'eau son état aqueux (130), que l'emploi des appareils sécheurs vient de prendre tout à coup la plus générale expansion, surtout dans la marine et les locomotives. Le système, varié dans sa forme, a presque toujours pour principe un appareil tubulaire, placé dans le courant des gaz chauds qui vont s'échapper par la cheminée, soit que les tubes traversent un récipient de vapeur, étant eux-mêmes traversés par la fumée, soit que la vapeur réside dans les tubes eux-mêmes chauffés extérieurement.

Nous avons assez parlé de l'avantage et de la pratique de ce chauffement de la vapeur pour n'y plus revenir ; mais, il importe d'insister sur deux points :

1° Il faut que la vapeur soit soumise à 500 degrés de température pour le moins, sinon il n'y a pas d'effet produit ; d'où il suit, d'une part, qu'il faut réduire la longueur du circuit de flamme pour conserver à celle-ci assez de chaleur, ce qui peut avoir pour inconvénient de restreindre mal à propos la surface vaporisatrice; et d'autre part, qu'il n'y a pas lieu d'appliquer un appareil sécheur à la base des cheminées où la température n'est pas notablement élevée, car alors on la paralyserait elle-même sans utilité.

2° Quand les gaz chauds traversent ainsi un appareil sécheur ou chauffeur, il faut avoir soin que non-seulement la section d'écoulement de la fumée et des gaz chauds ne soit pas réduite, mais qu'elle soit, au contraire, augmentée au moins d'un cinquième, en raison des frottements.

3° S'il est bon d'enlever à la vapeur son état trop aqueux, d'autre part, il faut craindre, en la séchant trop, de brûler les garnitures, d'ôter à la vapeur elle-même entièrement cet onctueux qu'elle possède et qui favorise le frottement des pistons, tiroirs, obturateur, etc., lesquels, jouant à sec, seraient bientôt hors de service.

1267. — Appendice au n° 157, sur l'épaisseur réglementaire des tôles d'acier pour chaudières.

Une circulaire ministérielle du 26 juillet 1861 (*Annales des mines*, série v, t. XIX et XX), vient de réduire l'épaisseur des chaudières lorsqu'elles sont construites en tôle d'acier :

1° Pour les chaudières ordinaires, d'usines à terre et dans les bateaux, la réduction tolérée est de moitié de l'épaisseur prescrite par l'ordonnance de 1843, et indiqué au n° 157 du premier volume.

2° Pour les chaudières tubulaires de locomotive, la tolérance est d'un tiers de l'épaisseur prescrite par la circulaire de novembre 1852. Voir n° 752.

3° Pour les chaudières pressées de dehors en dedans, on leur donnera le double de l'épaisseur prescrite lorsque la pression a lieu du dedans au dehors.

Les tolérances précitées n'ont lieu que sous trois conditions que voici :

1° La rivure doit être à deux rangs (159).

2° Il doit être fait par l'ingénieur des mines une épreuve préalable des tôles sur des échantillons pris dans la fourniture qui va être employée, et cette fourniture elle-même doit être poinçonnée.

3° A l'épreuve, on doit obtenir une résistance à la rupture de

60 kilogrammes par millimètre, et un allongement proportionnel de rupture de 1/15 au moins.

Ces dispositions nouvelles permettent de construire, à égalité de solidité, des chaudières beaucoup plus légères, ce qui n'a pas d'importance pour les chaudières d'usines à terre. Mais cette importance est, au contraire, très-grande pour la navigation, les locomotives, la marine et les locomobiles.

1268. — Appendice aux Nᵒˢ 164-180, sur le rôle et la forme des cheminées.

Aujourd'hui qu'on cherche par tant de moyens à neutraliser l'émission de la fumée hors des cheminées des machines à vapeur, il y a un fait parfois trop oublié sur lequel il importe d'insister. La cheminée n'a pas pour seul but d'amener à travers le combustible l'air voulu pour la combustion. Il faut aussi, essentiellement, qu'elle délivre le foyer des produits de la combustion, qui, n'étant pas combustibles eux-mêmes, éteindraient bientôt le feu, savoir : l'acide carbonique et l'azote. En ce moment, nous remarquons une singulière tendance à vouloir se passer de cheminée, sauf à insuffler de l'air dans le foyer ; ce n'est pas seulement une insufflation d'air qu'il faut pour une bonne combustion, c'est aussi un enlèvement rapide des gaz produits, lesquels sont d'ailleurs très-insalubres sinon asphyxiants. D'où il suit qu'il faut de toute nécessité les perdre dans l'espace, assez haut pour que personne n'en ressente les dangers, et après un assez long parcours dans les générateurs pour ne pas perdre la haute et précieuse chaleur qu'ils possèdent.

Ceci posé, nous avons à indiquer une forme nouvelle de chaudière à *tirage forcé* qui, bien que très-basse, a été employée avec une grande énergie : nous voulons parler de la CHEMINÉE HORIZONTALE des nouvelles locomotives du chemin de fer du Nord, où la théorie des cheminées à tirage forcé (185) vient de faire l'objet d'études et d'expériences non publiées encore, mais qui ne tarderont pas à se trouver dans les comptes rendus de la Société des ingénieurs civils de Paris. Réunissant ici provisoirement ce qu'il nous est permis de faire connnaître de ces belles études, nous dirons que :

1° Les cheminées à tirage forcé n'ont aucun rapport avec les cheminées dites à tirage naturel, quant au principe d'action et à la théorie. Dans les cheminées à tirage naturel, l'appel d'air et l'entraînement des produits de la combustion résulte d'une mise en communication de deux couches d'air de densités différentes. La cheminée à tirage forcé est, au contraire, un appareil aspiratoire, une colonne d'un volume donné, où un rapide courant est déterminé, entraînant à sa suite les gaz du foyer et toutes les particules légères charbonneuses ou autres qui ne résistent pas à cet entraînement par leur poids. Ces particules sont souvent pulvérulentes, impalpables, se perdent au loin dans l'espace et retombent à terre, sans que nous ayons à y prendre garde ; mais, souvent aussi, elles sont très-grosses et constituent une sorte de grésil noir très-redouté du voisinage, sur lequel elles retombent de suite.

2° Il suit de ce qu'il vient d'être dit sur le rôle de la cheminée, que peu importe la position et la forme de la colonne où se détermine ainsi le courant, et qu'elle peut être à ce point de vue indifféremment verticale de haut en bas, et *vice versâ*, horizontale ou oblique, et par conséquent, si les circonstances s'opposent à une cheminée verticale de hauteur suffisante, on peut renverser cette cheminée en ne s'occupant que d'empêcher la projection des gaz de nuire par leur insalubrité.

3° Ce qui est essentiel à l'efficacité de ces cheminées à tirage forcé qu'on a surnommées *trompes aspiratoires*, c'est d'avoir une longueur proportionnée à leur diamètre. Les expériences du chemin de fer du Nord seront catégoriques à cet égard et elles fixeront le rapport voulu. Quant à nous, en les attendant, nous avons recherché quel pouvait être approximativement ce rapport sur divers machines. Nous avons trouvé ce qui suit.

Dans les conditions ordinaires du tirage forcé des bateaux à vapeur à moyenne pression de la Tamise et du Rhône, où un *souffleur* lance un courant continu de vapeur par un petit jet, il y a un bon tirage, toutes les conditions voulues étant remplies, quand la longueur de la cheminée a de 8 à 12 fois son diamètre.

Dans les conditions ordinaires des locomotives à très-haute pression, avec injection de la vapeur émise du cylindre par un tuyau à échappement variable et intermittent, nous trouvons que les constructeurs sont arrivés de sentiment à donner à la longueur de la cheminée, lorsque rien ne les a gênés, environ six fois fois son diamètre; le tirage est alors très-bon. Les cheminées où ce rapport est au-dessous de 4 ont été presque partout jugées insuffisantes.

1269. — APPENDICE AU N° 204, SUR LES ENTRETOISES DE FOYER DES CHAUDIÈRES DE LOCOMOTIVE.

Nous avons, au numéro 204, considéré comme à peu près insignifiant de faire les entretoises en fer ou en cuivre, mais de nouvelles recherches au chemin de fer de l'Est ont démontré que pour consolider les foyers des locomotives à parois planes, il y avait lieu de préférer définitivement les entretoises en cuivre rouge, au moins dans la moitié supérieure de ces appareils. En voici la raison : le coffre intérieur plus chauffé et d'ailleurs ordinairement en cuivre, c'est-à-dire en métal plus dilatable que le coffre extérieur, s'allonge sensiblement ; si les entretoises sont en métal sec, ne se prêtant pas à ce jeu du foyer, ainsi qu'il arrive avec le fer fort qui est usité, elles se cassent au ras intérieur de leur emmanchement ; elles manquent leur but sans qu'on puisse en être prévenu, et le foyer peut crever. Cette rupture des rangs d'entretoises en fer, sous l'effet d'un jeu de dilatation du foyer, a été constaté avec évidence à plusieurs reprises. Au contraire, les entretoises en métal doux, comme le cuivre, se sont inclinées, cédant ainsi sans arrachement.

1270. — Appendice au n° 198, sur les chaudières marines
(Système *Lamb* et *Summers*).

Nous avons été trop absolu en laissant supposer que les chaudières marines, tubulaires directes ou en retour, étaient les seuls
types acceptés. Le système cellulaire *Lamb* et *Summers* est en
ce moment très-employé en Angleterre, où plusieurs des grands
transatlantiques, frégates et vaisseaux nouveaux, en sont pour-
vus. On en trouve la description dans la plupart des ouvrages
descriptifs récents sur les machines à vapeur, notamment dans le
Traité de l'hélice de M. Paris.

Ce qui caractérise la chaudière de Lamb et Summers est
qu'au lieu des batteries de tubes à fumée, il existe dans le retour
de flamme, au deuxième étage de la chaudière, des lames d'eau
entretoisées, pour la solidité, comme les foyers de locomotives et
offrant une très-vaste surface de chauffe plate, verticale, et abor-
dable pour le nettoyage. Il y a des chaudières de ce système qui
ont leur batterie cellulaire directement à la suite des foyers et non
en retour de flamme. L'exemple des locomotives prouve qu'on
peut faire ces chaudières très-solides pour des pressions élevées.
Suivant M. Paris, elles peuvent durer sept ans environ sans les
fuites aux joints, qui se manifestent dans les chaudières tubulaires; mais leur grande réparation est très-coûteuse.

1271. — Appendice au n° 326, relatif aux condenseurs
a surface.

Parlant, au n° 326 et suiv., des condenseurs à surface, nous n'a-
vons pu donner que peu de documents sur les proportions qui leur
conviennent. Une longue discussion vient d'avoir lieu à cet égard
à la Société des ingénieurs civils de Londres. Les journaux techniques anglais, notamment le *Civil Engineer's journal*, de l'année
1861, renferment de très-complets documents sur les divers sys-

tèmes proposés et sur leur emploi, on a résumé ainsi qu'il suit les dimensions courantes :

1° La surface tubulaire requise égale 0^{mq},23 par cheval effectif de 75 kilogrammètres sur le piston ; M. Rowan n'a même donné que 0^{mq},138.

2° Le diamètre des tubes varie de 12 à 25 millimètres.

3° L'épaisseur des tubes varie de 0,8 à 1,5 millimètres.

4° Les tubes horizontaux demandent plus de section et d'épaisseur, en un mot, plus de force que les tubes verticaux, en raison de leur propre poids et de celui de l'eau qu'ils supportent.

5° La quantité d'eau injectée est à peu près la même que dans les condenseurs à injection.

6° La pompe à air est réduite de moitié à un tiers de la capacité qu'on lui assigne avec les condenseurs à injection.

7° Le vide doit être plus grand que dans le condenseur à injection.

1272. Appendice au n° 1004 sur les cloisons étanches de navires à vapeur.

1° On tend en ce moment à multiplier beaucoup les cloisons et compartiments étanches en tous sens dans les navires. Il y a des transatlantiques modernes qui en ont dix au delà, s'élevant les uns jusqu'aux ponts supérieurs dans tout le travers du navire, les autres jusqu'au pont de cale seulement.

Dans le *Great-Eastern*, il y a 7 grandes cloisons transversales, allant jusqu'au haut, et l'on compte en tout 58 compartiments étanches. Avec M. Scott-Russel (*Mémoire sur les flottes en fer*), nous dirons qu'on ne saurait trop multiplier ces compartiments étanches, mais en s'attachant à les disposer de manière qu'ils ne troublent pas la stabilité du navire en se remplissant. De même que nous avons recommandé de faire entrer toutes les cloisons d'aménagement et même le mobilier dans le système général de consolidation des navires, il nous semble que même les cloisons des chambres et cabines, une fois leurs portes fermées, doivent pouvoir concourir à la sécurité du navire, en jouant au besoin, dans une certaine mesure, le rôle assigné aux compartiments étanches proprement dits.

2° Quand il y a lieu de faire communiquer ensemble ces compartiments étanches pour la facilité du service, il faut bien les percer de portes ; mais celles-ci doivent être aussi petites que possible, suffisamment élevées au-dessus du fond de cale pour qu'on ait le temps de les fermer en cas de voie d'eau, résister à la poussée de l'eau autant que la cloison elle-même et se fermer comme un obturateur à toute épreuve.

3° Le principe des compartiments étanches a été appliqué aux soutes de cale, des provisions et du fret, dans un certain nombre de navires de construction récente. A cet effet, la cale est à double fond. On perd ainsi près d'un mètre de hauteur sur toute la surface, mais on est assuré du moins que le fret et les provisions sont garantis contre toute atteinte de l'eau. Ces doubles fonds ont en outre beaucoup contribué à la solidité.

1273. — APPENDICE AU N° 1047 SUR LES ROUES DE BATEAUX A VAPEUR.

Nous avons, au dit numéro indiqué, deux bateaux munis de quatre roues à aubes, mais très-anciens et n'ayant presque pas navigué. Il vient d'en être construit un autre de très-grandes dimensions, qui est mentionné dans le *Treatise on steam-ships Building* de Murray. Ce bateau a été fait pour les rivières de l'Inde ; la coque est très-légèrement construite en acier, avec étrave élancée et poupe elliptique ; le fond est plat. Les feuilles d'acier pèsent 5 livres par pied carré dans les côtés et 7 livres au fond ; il tire 2 pieds d'eau, étant chargé de 800 hommes de troupes, avec bagages et accessoires. Il a sur le pont 114 mètres de long et à la flottaison 103^m,20 de long sur 14^m,98 de large. Les roues sont au milieu, à 1 tiers de la largeur, à partir de chaque extrémité.

1274. PRINCIPALES DIMENSIONS DU STEAMER GÉANT DE BRUNEL,
LE GREAT-EASTERN.

Nous sommes convaincu que, si les navires de dimensions exceptionnelles, comme le *Great-Eastern*, ne deviennent pas la règle des transports maritimes, il y aura tôt ou tard des circonstances données de guerre ou de commerce où ces constructions hors classes deviendront une nécessité et entreront dans la pratique courante. Comme toutes les innovations, comme les premiers steamers de 500 et 1000 chevaux, aujourd'hui communs, le *Great-Eastern* a dû passer par des épreuves, des études et des tâtonnements ne prouvant rien contre les principes eux-mêmes qui ont fait concevoir le projet. Nous croyons devoir recueillir les renseignements qui ont été semés un peu partout sur ce célèbre navire. Nous indiquerons, pour le complément de ces détails, le journal anglais *the Artizan* ; le *Bulletin de la Société d'encouragement*, 2ᵉ série, t. V ; le *Treatise on steam-ships Building*, de Murray, et parmi les journaux des années 1857, 1860 et 1861, le *Civil engineers journal,* ainsi que le *Times*, qui, malgré le ton évidemment malveillant de ses articles, offrira cependant de très-bons éléments d'étude.

En ce qui touche la comparaison qu'on pourrait avoir à faire du *Great-Eastern* avec les navires géants de l'antiquité, on recourra au *Mémoire sur la marine des anciens,* de Roudelet, Paris, 1820, et au grand ouvrage de don Bernard Monfaucon, *l'Antiquité expliquée*, Paris, 1719, lesquels existent au moins dans les bibliothèques publiques.

Ce navire a été conçu pour porter 10000 hommes de troupes avec armes et bagages. Comme navire de commerce, il porterait 5000 tonnes de fret, 11500 tonnes de combustible, 4000 passagers de chambre ; savoir : 800 de première classe, à raison de 450 francs ; 2000 de seconde classe, à raison de 300 francs, et 1200 de troisième classe, à raison de 150 francs, et, en outre, 400 hommes d'équipage, dont 16 mécaniciens et 20 officiers ou employés supérieurs.

Suit la description du navire et le tableau de ses dimensions principales.

La coque est en tôle d'épaisseur variable, rivée généralement avec sous-bande à double ou triple rang; la poupe est en sphère aplatie avec un très-grand surplomb au-dessus de l'étambot; l'étrave est sans poulaine et droite, jusqu'à la flottaison sous charge, et elle se raccorde ensuite par une grande courbe au-dessous du navire. Le bâtiment n'a pas de quille; le fond est plat et arrondi aux angles suivant un quart d'ellipse de chaque côté à la maîtresse section. A la ligne d'eau, les façons extrêmes occupent environ, à l'avant les 0,4, et à l'arrière les 0,2 de la longueur totale. Ces façons extrêmes sont sensiblement concaves. Au-dessus de l'eau, les formes sont pleines et assez massives; les murailles droites sont, ainsi que le fond, à doubles parois entretoisées par une multitude de cloisons étanches, formant un système cellulaire emprunté au célèbre *Pont-Britannia*.

A l'intérieur, le navire est divisé par sept cloisons principales et verticales, dans toute la hauteur, lesquelles, avec diverses cloisons en sens divers, forment cinquante-huit grands compartiments étanches, non compris les cellules du double bordage. On compte trois ponts proprement dits, qui sont droits, et des faux ponts, qui forment en tout sept étages, savoir : quatre au-dessus du pont de cale, contenant les chambres, salons et manutention, plus, sur le pont supérieur, divers grands roufs; il y a trois étages au-dessous du pont de cale pour le fret, mais aux extrémités seulement, tout le milieu étant occupé par les machines, les chaudières, les soutes, jusqu'au pont de cale.

A l'extérieur, il y a sur les flancs trois rangs de sabords et, entre eux, des hublots circulaires à lentilles.

Le navire porte sept mâts en tôle rivée, sauf l'artimon qui est en bois, à cause de la boussole; la surface totale des voilures est d'environ 6000 mètres carrés. Le second et le troisième mâts, en partant de la proue, sont des grands mâts à trois vergues chacun; le second, placé entre les roues, est plus élevé; le mât d'avant et les quatre mâts d'arrière sont des mâts de barque ou de goëlette.

Il y a deux propulseurs, savoir : 1° une paire de roues à aubes fixes, mues séparément par une quadruple machine oscillante

dans un plan incliné, construite par Scott Russel. L'arbre porte-
roues est au-dessous de l'avant-dernier pont, au delà du grand
mât, et environ aux 9/20 de la longueur du navire en partant de
la proue. Les aubes sont fixes, mais on peut les remonter de
3 mètres sur leur rayon par le simple desserrage de leur attache ;
2° une hélice à quatre ailes sous la poupe, en porte à faux au bout
de son arbre ; les coussinets sont en bois de gaïac, sans puits de
remonte, et mus par une quadruple machine directe horizontale,
de la maison Watt, de Birmingham ; elle est séparée (et trop séparée) par trois groupes de chacun quatre chaudières tubulaires,
que séparent respectivement des soutes. Il y a deux autres groupes
semblables, de quatre chaudières chaque, en avant de la machine
à roue, et spécialement affectés à celle-ci. Ces cinq groupes ont
chacun leur cheminée respective, et leur garniture complète d'appareils d'indication, de sûreté et d'alimentation. Ces chaudières
sont tubulaires en retour, placées longitudinalement avec l'allée
de chauffe au milieu, les foyers se regardant, le bas des cheminées est entouré d'une lame d'eau : c'est l'une d'elles qui a fait
explosion et a causé un désastre célèbre. Les chaudières passent
pour ne pas bien produire et pour présenter quelques vices.

Il y a, pour le service d'embarquement, vingt canots divers, plus
deux petits steamers à hélice, de 420 tonnes et 70 chevaux de force,
pendus derrière les roues. Outre les machines des propulseurs, il
y en a deux autres de 70 chevaux chacun, pour mouvoir les cabes-
tans et les pompes de cale, plus dix petites machines de 10 chevaux chacun pour l'alimentation et divers services ; ce qui fait en
tout à bord vingt-quatre cylindres à vapeur. Il y a dix ancres de
dimensions diverses, dont les grosses pèsent 25 tonnes avec leur
câble.

Le navire a été construit au chantier de Scott Russel, à Millwall,
près et en aval de Londres, parallèlement à la Tamise, et en em-
ployant un grand nombre d'engins de travail spéciaux d'un grand
intérêt. Il a été lancé par côté, contenant ses machines, chaudières et propulseurs, avec des difficultés inouïes, au moyen de
presses hydrauliques qui ont plusieurs fois manqué. Ainsi que les
points d'amarrage, l'opération se faisait d'abord très-bien avec
la lenteur calculée, mais, ayant été inopportunément suspendue,

le sol s'est déprimé sous une si formidable masse, le navire a dévié et s'est coincé dans ses coulisses de lancement. Toutes les publications scientifiques et les journaux du temps contiennent, à cet égard, les renseignements à consulter.

On a proposé, pour l'avenir, d'opérer la mise à l'eau dans un dock creusé préalablement et entretenu étanche jusqu'au jour voulu ; de ne pas attendre, pour la mise à l'eau, l'achèvement et surtout la mise en place des machines, mais d'imiter les constructeurs des navires géants de l'antiquité, qui procédaient à la mise à l'eau dès que la carène était achevée, sauf à édifier ultérieurement les œuvres vives s'élevant au-dessus de la flottaison, amenant d'ailleurs l'eau par un canal sous le navire, au lieu de conduire celui-ci à l'eau.

Après six belles traversées transatlantiques, le navire a été cruellement éprouvé dans une tempête, en 1861. A la suite d'une fausse manœuvre, il a perdu ses roues et son gouvernail. Voir sur cet accident des détails très-instructifs dans les journaux techniques de cette époque, et note aux ingénieurs civils de Paris, par M. Verrine, en novembre 1861.

Suivent les principales dimensions que nous avons pu recueillir sur le bâtiment.

Dimensions du Great-Eastern.

1° COQUE.

Longueur du pont supérieur..	210ᵐ,612
— — entre perpendiculaire.	206 ,75
Largeur au maître bau.	25 ,30
— hors tambours..	37 ,00
Creux sous le pont supérieur.	17 ,64
Longueur du gaillard ou rouf d'avant.	42 ,50
Hauteur du gaillard.	2 ,42
Longueur réunie des salons de première classe.	120 ,00
Cinq salons supérieurs, largeur.	21 ,33
— — hauteur..	3 ,65
Cinq salons inférieurs, longueur.	20 ,30
— — hauteur.	4 ,15
Longueur à la flottaison des façons avant, environ.	65 ,00
— — des façons arrière, environ.	32 ,00

Tirant d'eau chargé à plein.. . . . . 8 ,50
— en ordre de marche moyen.. . . . . 6 ,08
— lége avec machine. . . . . 4 ,72
Déplacement total avec charge. . . . . 22500 ton.
— du bâtiment gréé non chargé. . . . . 18000 »
— de la coque avec machine. . . . . 12000 »
— de la coque en fer seul.. . . . . 8000 »
Contenance des soutes à houille . . . . 11400 »
Entre-deux de la double paroi. 0ᵐ,862
Epaisseur de tôle de la quille.. . . . . 0 ,0253
— des autres tôles. . . . . $\left\{\begin{array}{l}\text{de } 0 ,0120 \\ \text{à } 0 ,0253\end{array}\right.$
Nombre de feuilles de tôles employées. 30000
Nombre de rivets. . . . . 3 millions
Diamètre des rivets.. 0ᵐ,030
Poids total du fer dans la coque. . . . . 10000 ton.
Nombre de mats. 7
Hauteur des bas mâts. . . . . $\left\{\begin{array}{l}\text{de } 40 \text{ m.} \\ \text{à } 52 \text{ m.}\end{array}\right.$
Diamètre du mât principal au pont.. . . . . 1ᵐ,05
Poids des bas mâts. . . . . $\left\{\begin{array}{l}\text{de } 30 \text{ ton.} \\ \text{à } 40 \text{ ton.}\end{array}\right.$
Epaisseur de la tôle des mâts 0ᵐ,025
Nombre des ancres. 10
Poids d'une ancre avec câble.. 25,30
Nombre des canots et bateaux de service, y compris deux à vapeur 22

2° MACHINES

Désignation de la machine	à roues.	à hélice.
Constructeurs.	Scott Russel.	Watt.
Système.	oscill. à 45°	fixe horiz.
Puissance nominale..	1400 chev.	1700 chev.
Puissance réelle (en chevaux de 75 kilogr.) indic.	5000 »	6200 »
Nombre des cylindres.	4	4
Diamètre d'un cylindre.	1ᵐ,878	2ᵐ,133
Course de piston.	4 ,266	1 ,220
Pression de la vapeur.	2,75 atm.	2,75 atm.
Nombre de coups doubles par minute.	14	50
Introduction de la vapeur.	0ᵐ,35	0ᵐ,35
Poids d'un cylindre.	»	30 ton.
Diamètre du propulseur.	17ᵐ,08	7ᵐ,314
Nombre d'aubes ou d'ailes.	30	4

Désignation de la machine	à roues.	à hélice.
Longueur d'aubes.	$3^m,965$	»
Largeur d'aubes.	$0,915$	»
Pas de l'hélice.	»	$13^m,40$
Diamètre de l'arbre du propulseur.	»	$0,80$
Longueur de l'arbre.	$29^m,71$	$48,76$
Poids de l'arbre.	»	$60^t,13$
Nombre des corps de chaudières.	8	12
Nombre des cheminées.	2	3
Nombre des foyers.	40	72
Surface de chauffe totale.	$1783^{mq},68$	2727^{mq}
Surface par cheval nominal.	$1^{mq},78$	$1^{mq},70$
Volume d'eau total.	160 ton.	270 ton.
Nombre des tubes à feu.	1600	2400

CHAPITRE III.

1275. Légendes des figures.

Observation préliminaire. — Nous rappellerons que les figures qui vont suivre sont données, non comme types de machines choisis et à imiter, mais seulement pour la démonstration et pour aider à l'explication du texte ; aussi, tantôt elles offrent des machines incomplètes, tantôt des dispositions qui ne sont pas les meilleures, tantôt des organes grossis pour être plus sensibles.

PLANCHE 1.

Figures 1 et 2. — Coupe transversale par le foyer et coupe longitudinale par le milieu, d'une chaudière tubulaire de locomotive dite du type Crampton.

Fig. 3 et 4. — Coupe transversale et élévation longitudinale (vue extérieure) d'une chaudière de locomotive dite du type Stephenson.

Fig. 5. — Elévation latérale (vue extérieure), et coupe par le milieu, d'un type particulier de chaudière tubulaire inclinée.

Fig. 6. — Elévation latérale (la maçonnerie coupée au milieu) d'une chaudière dite à bouilleur en retour ou à flamme renversée.

Fig. 7. — Coupe transversale de la même chaudière, mi-partie par le foyer, mi-partie au delà du fourneau, avec élévation, partie en coupe et partie en vue extérieure de la cheminée en briques.

Fig. 8. — Coupe longitudinale, par le milieu, d'une chaudière à bouilleur ordinaire avec son dôme, ses soupapes de sûreté et flotteur.

Fɪɢ. 9. — Coupe de la chaudière précédente, et vue des tubes qui introduisent l'eau d'alimentation.

Fɪɢ. 10. — Coupe longitudinale d'une soupape de sûreté dont l'évacuation de vapeur est couverte pour ne pas se répandre au dehors, et où la pression est obtenue par un ressort à lames.

Fɪɢ. 11. — Elévation d'un manomètre à cadran du système Bourdon.

Fɪɢ. 12. — Coupe longitudinale d'une prise de vapeur dite du système Crampton.

Fɪɢ. 13. — Elévation d'un tube-jauge de niveau d'eau.

Fɪɢ. 14. — Elévation d'un salinomètre ou pèse-sel dans son éprouvette avec son robinet spécial, le tout fixé à demeure sur la chaudière.

Fɪɢ. 15. — Coupe en élévation d'un tuyau d'évacuation de vapeur, traversant une bâche d'eau, et ayant un réservoir pour recueillir l'eau condensée dans le tuyau lui-même.

Fɪɢ. 16. — Pel-sel à rondelles, de M. Cavé.

Fɪɢ. 17. — Deux types de raccordement de tuyaux à joint étanche.

PLANCHE 2.

Fɪɢ. 18. — Coupe verticale d'un mouvement de distribution à déclic et à cataracte, pour la démonstration.

Fɪɢ. 19. — Coupe verticale du cylindre de la machine à vapeur, proposé par Papin.

Fɪɢ. 20. — Coupe verticale du cylindre de la machine à vapeur (dite à cloche) proposée par l'ingénieur Lebon en 1787, complétée quant à la distribution d'après les notes de l'inventeur.

Fɪɢ. 21. — Diagramme obtenu sur une machine à vapeur à basse pression par l'indicateur de Watt.

Fɪɢ. 22. — Fragment d'un diagramme obtenu au dynamomètre Morin.

Fɪɢ. 23. — Diagramme obtenu en grande vitesse sur une locomotive.

Fɪɢ. 24. — Diagramme obtenu en démarrant sur la même machine.

PLANCHE 3.

Fig. 39. — Coupe longitudinale d'un appareil alimentaire complet dit à pompe (pour la démonstration).

PLANCHE 4.

Fig. 40. — Elévation longitudinale et plan d'une locomotive, caractérisé principalement par la forme de sa chaudière à dôme, de son foyer, et la position des roues sous le corps cylindrique.

Fig. 41. — Elévation et plan de châssis simple d'un autre type de locomotive mixte à cylindres extérieurs.

Fig. 42. — Elévation et plan de châssis double d'un autre type à cylindres intérieurs et roues libres.

Fig. 43. — Elévation d'une machine Crampton.

Fig. 44. — Elévation et profil d'une très-petite locomotive-tender avec caisses à eau latérales et cylindres intérieurs.

Fig. 45. — Elévation d'un autre type de grosse machine mixte.

Fig. 46. — Elévation d'une machine-tender américaine à avant-train mobile, à foyer pyramidal et abri fermé pour le mécanicien.

Fig. 47. — Elévation d'une machine à mouvement intérieur et à huit roues pour grande vitesse.

Fig. 48. — Elévation d'une machine à marchandises à double prise de vapeur, mécanisme extérieur, quatre paires de roues couplées et cheminée à pavillon.

Fig. 49. — Elévation d'un autre type de machine à marchandises dit du Mamouth.

Fig. 50. — Elévation de l'installation d'un grand marteau-pilon dans son atelier.

Fig. 51. — Elévation d'un monte-charge par action directe de la vapeur, installé et fonctionnant dans son entrepôt à deux étages.

PLANCHE 5.

Fig. 52. — Elévation d'une locomotive réunissant (pour la démonstration) des dispositions éparses sur diverses lignes.

Fig. 53. — Moitié du plan de la même machine.

Fig. 71. — Elévation longitudinale d'une double machine à hélice avec ses dépendances dans un grand navire.

PLANCHE 8.

Fig. 72. — Coupe longitudinale d'une chaudière tubulaire marine.

Fig. 73. — Elévation de la même chaudière, moitié en coupe, moitié en façade extérieure.

Fig. 74. — Plan de la même chaudière, moitié en vue extérieure par-dessus sans accessoires, un quart en coupe par les tubes, un dernier quart par la grille.

Fig. 75. — Plan vu par-dessus d'une chaudière tubulaire directe de bateau sur la Saône, et vue transversale, moitié en façade extérieure sans accessoires, et moitié en coupe par le foyer.

Fig. 76. — Elévation d'une *cheminée télescope* pour navire.

Fig. 77. — Installation d'une aube de roue de navire avec ses crochets d'attache mobile, plan, coupe transversale et de champ.

Fig. 78. — Elévation longitudinale de la machine à simple effet de Sceaward pour bateau à roues.

Fig. 79. — Elévation longitudinale d'une double machine oscillante pour bateau à roues.

Fig. 80. — Elévation longitudinale d'une machine à action directe inclinée.

Fig. 81. — Elévation transversale d'une machine Pilon et des soutes à houille dans le travers d'un bateau à hélice d'une forme donnée.

Fig. 82. — Elévation transversale d'une double machine inclinée dans le travers d'un grand bateau à hélice avec transmission de mouvement par engrenages.

Fig. 83. — Elévation transversale d'une machine directe à bielles en retour, dans le fond d'un grand navire à hélice.

Fig. 84. — Elévation d'une machine semblable à la précédente, mais renversée.

Fig. 85. — Plan et élévation transversale de l'installation d'une double machine directe à bielles en retour (système Dupuy de Lôme), dans le fond d'un grand navire à hélice.

TABLE DU TROISIÈME VOLUME.

CHAPITRE I.

TABLEAUX COMPARATIFS DES MACHINES A VAPEUR.

CHAPITRE II.

APPENDICE.

CHAPITRE III.

ERRATA DU PREMIER VOLUME.

Page   8, ligne 6, *au lieu de* 654 et 1131, *lisez* 580 et 1089.
  »   19,   » 32,   »   3 à 4, *lisez* 4 à 5.
  » 112,   » 20,   »   103, *lisez* 101.
  » 113,   » 29,   »   approche de, *lisez* dépasse.
  » 119,   » 22,   »   0^m,25, *lisez* 25 centimètres carrés.
  » 157,   » 22,   »   15^{mq}, *lisez* 10^{mq}.
  » 158,   » 16,   »   on se trouve mieux, *lisez* on trouve moins.
  » 162,   »   5, mettez le mot *ayant* avant 1^m,57.
  » 168,   » 29, voyez supplément au 3e volume.
  » 178,   » 23, *au lieu de* chaudière, *lisez* cheminée.
  » 209,   » 28,   »   1130, *lisez* 1088.
  » 223,   » 13,   »   de refoulement, *lisez* d'aspiration.
  » 230,   »   5,   »   censeur, *lisez* curseur.
  » 313,   » 18,   »   868, *lisez* 797 *bis*.
  » 325,   » 20,   »   698, » 624.
  » 329,   » 36,   »   762, » 688.
  » 384,   »   7,   »   22, » 28.
  » 414,   » 25,   »   552, » 452.
  » 428,   »   9, *supprimez :* la cause de.

ERRATA DU DEUXIÈME VOLUME.

Page   3, ligne 29, *au lieu de* 358, *lisez* 353.
  »   14,   »   9,   »   494, » 602.
  »   30,   »   5,   »   ainsi, *lisez* aussi.
  »   67,   »   4,   »   que le, *lisez* suivant la.
  »   98,   » 29,   »   tableau G, *lisez* tableau H.
  » 148,   » 27,   »   1842, *lisez* 1852.
  » 164,   »   1, mettez une virgule après le mot *cendrier*.
  » 210,   » 19, *au lieu de* 2^m,40, *lisez* 2^m,10.
  » 226,   » 10, la virgule doit être après C et non après le mot *donné*.
  » 251,   » 32, supprimez la préposition à.
  » 253,   » 15, *au lieu de* 1 kil., *lisez* 1/2 kilomètre.
  » 330,   » 15,   »   tableau L, *lisez* tableau P.
  » 337,   » 34,   »   lignes ponctuées, *lisez* lignes pleines.
  » 341,   » 36,   »   minimum, *lisez* maximum.
  » 405,   » 11,   »   pouvaient, *lisez* peuvent.
  » 442,   » 28,   »   qu'on voit, *lisez* qui vont.
  » 449,   »   8,   »   368, *lisez* 1100.
  » 477,   »   6, à 2^{mm},1/2 *ajoutez :* par mètre.
  » 518,   » 12, *au lieu de* au feu, *lisez* en feu.

TABLE ALPHABÉTIQUE

B

C

D

E

M

N

O

Q

R .

S

T

V

W

FIN DU TROISIÈME ET DERNIER VOLUME.

Pl. 1.

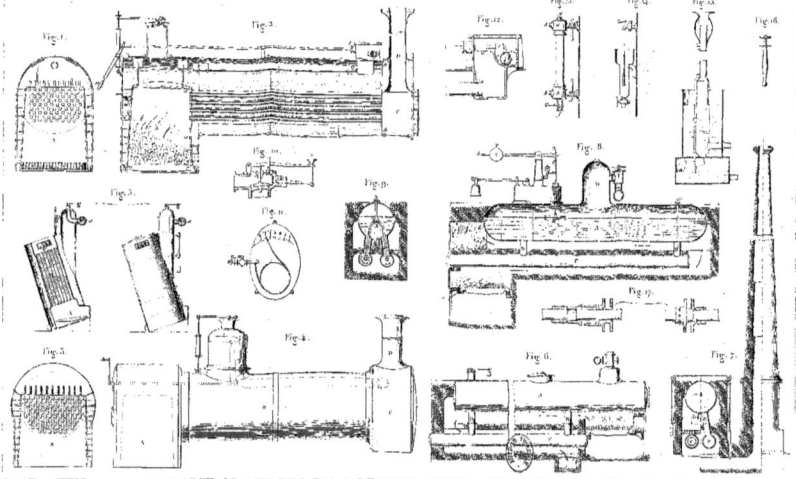

Fig. 1. Fig. 2. Fig. 3. Fig. 4. Fig. 5. Fig. 6. Fig. 7. Fig. 8. Fig. 9. Fig. 10. Fig. 11. Fig. 12. Fig. 13. Fig. 14. Fig. 15. Fig. 16. Fig. 17.

Pl. II.

Pl. III.

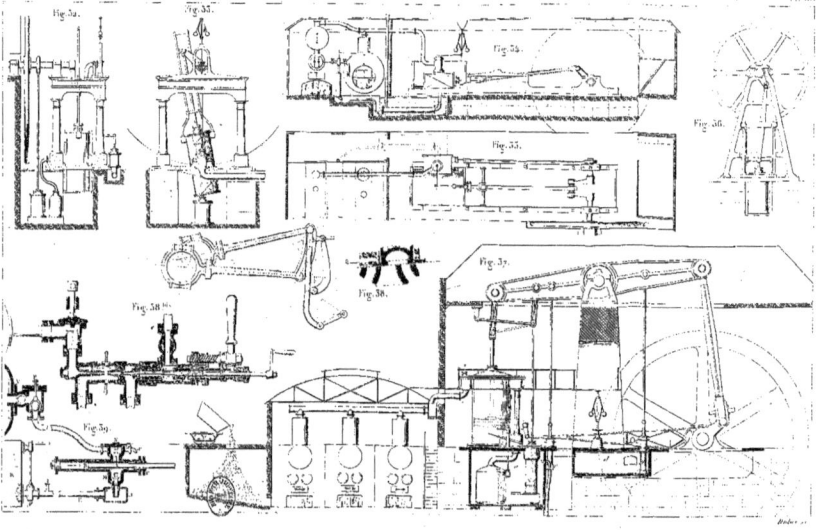

Fig. 34.
Fig. 33.
Fig. 35.
Fig. 36.
Fig. 37.
Fig. 38.
Fig. 38 bis.
Fig. 39.

Pl. IV.

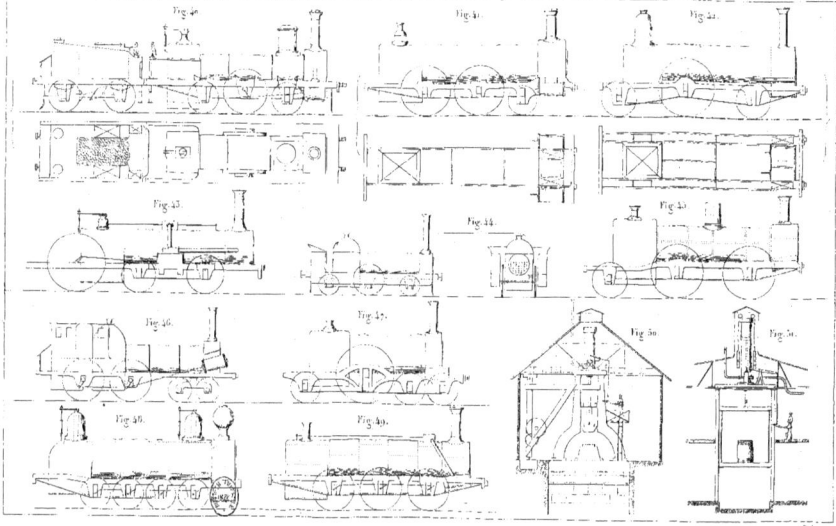

Fig. 40. Fig. 41. Fig. 42.

Fig. 43. Fig. 44. Fig. 45.

Fig. 46. Fig. 47. Fig. 50. Fig. 51.

Fig. 48. Fig. 49.

Pl. V

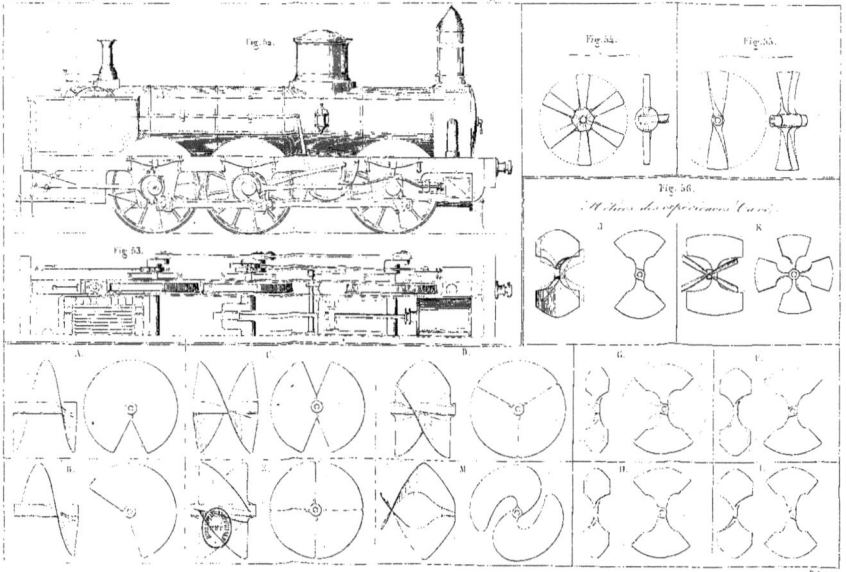

Fig. 54.

Fig. 54.

Fig. 55.

Fig. 53.

Fig. 56.

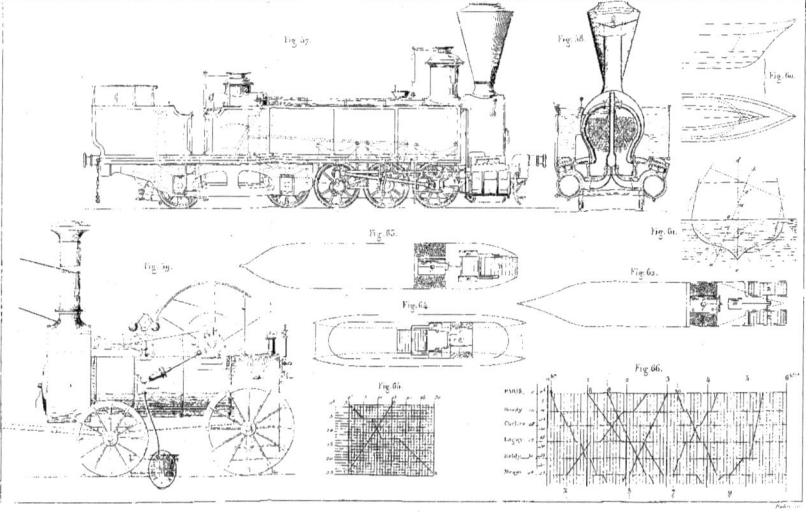

Fig. 67.

Fig. 68.

Fig. 69.

Fig. 70.

Fig. 71.

Fig. 59.

Fig. 65.

Fig. 62.

Fig. 64.

Fig. 63.

Fig. 60.

Fig. 66.

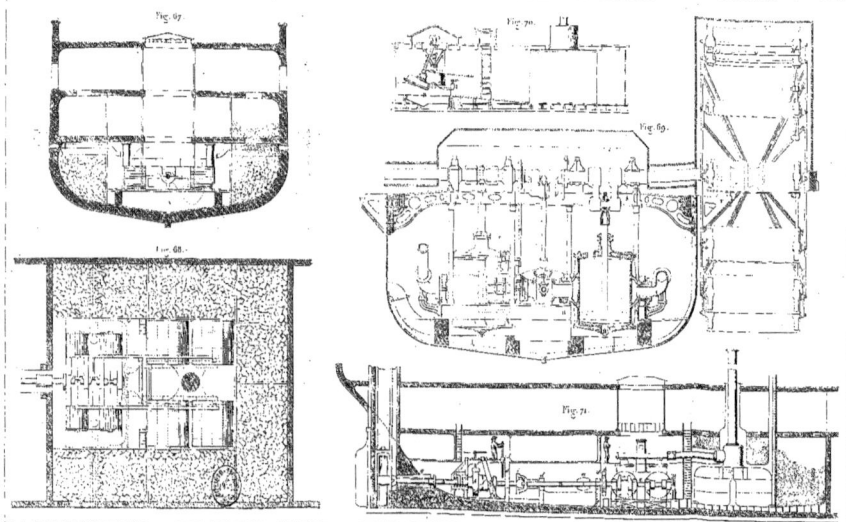

Fig. 67.

Fig. 68.

Fig. 70.

Fig. 69.

Fig. 71.

Pl. VIII.

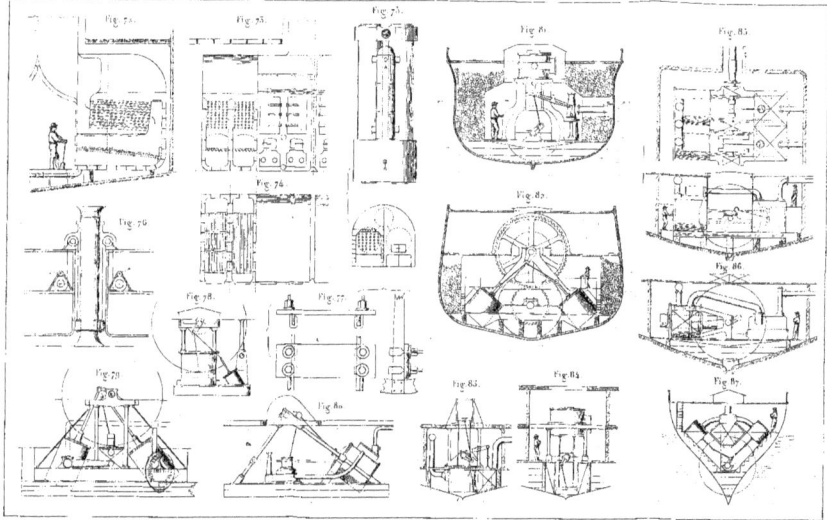

Fig. 72.

Fig. 73.

Fig. 74.

Fig. 75.

Fig. 76.

Fig. 77.

Fig. 78.

Fig. 79.

Fig. 80.

Fig. 81.

Fig. 82.

Fig. 83.

Fig. 84.

Fig. 85.

Fig. 86.

Fig. 87.

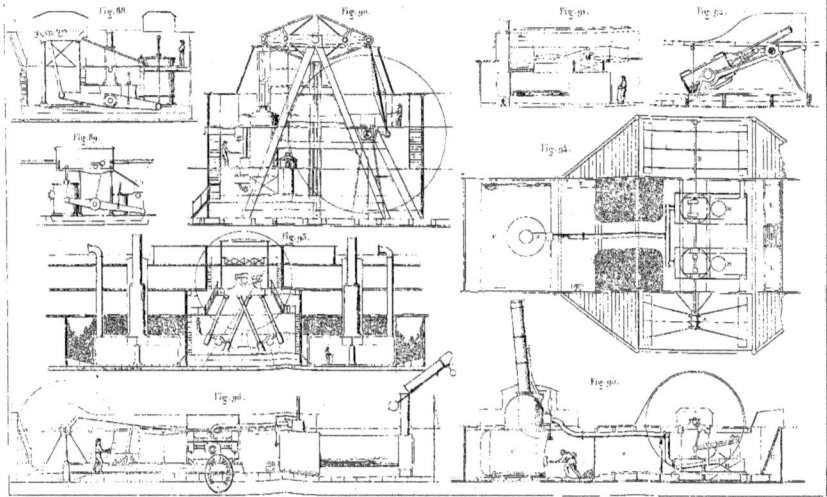

Fig. 88.　　Fig. 90.　　Fig. 91.　　Fig. 92.

Fig. 89.　　Fig. 94.

Fig. 93.

Fig. 95.　　Fig. 96.